丛书阅读指南

第2章

Photoshop基本操作

使用Photoshop编辑处理图像文件之前，必须先掌握图像文件的基本操作。本章主要介绍了Photoshop CC 2017中常用的文件操作命令、图像文件的显示、浏览和尺寸的调整，使用户能够更好地创建和处理图像实例。

例2-1 新建图像文件
例2-2 打开已有图像文件
例2-3 存储图像文件
例2-4 使用【导航器】面板
例2-5 更改图像的排列方式

例2-6 更改图像文件大小
例2-7 更改画布大小
例2-8 使用【选择性粘贴】命令
例2-9 使用【历史记录】面板
例2-10 制作商业名片

章首导读
以言简意赅的语言表述本章介绍的主要内容。

教学视频
紧密结合光盘，列出本章有同步教学视频的操作案例。

2.2

实例概述
简要描述实例内容，同时让读者明确该实例是否附带教学视频或源文件。

窗口的显示比例、移动画面的显示区域。切换窗口的显示比例，移动画面的显示区域。如果用户打开的工具太多和命令，知道当前屏幕的…导航器】面板。

钮后，可放大图像的显示比例，单击【缩小】按钮，可缩小图像的显示比例。用户可以使用缩放控制滑块，调整图像显示文件窗口的显示比例。向右移动滑块可增大比例显示，向左移动滑块可减小比例显示。在调整图像显示比例的同时，红色矩形框所示大小也会进行相应的缩放。

【例2-4】在Photoshop CC 2017中，使用【导航器】面板设置图像。
（视频素材）（光盘素材\第02章\例2-4）

01 选择【文件】|【打开】命令，选择并打开图像文件，选择【窗口】|【导航器】命令，打开【导航器】面板。

04 当窗口中不显示完整的图像时，光标移至【导航器】面板的代理预览区域会变为小手状，单击并拖动鼠标可移动画面，代理预览区域的图像会显示在文档窗口的中心。

操作步骤
图文并茂，详略得当，让读者对实例操作过程轻松上手。

02 在【导航器】面板的缩放数值框中显示了当前图像文件的显示比例，在数值框中输入数值，可调整图像的显示比例。

2.2.2 使用【缩放】工具查看

在图像编辑处理的过程中，经常需要对编辑的图像进行适当的放大或缩小，以便于图像的编辑操作。在Photoshop中调整图像画面的显示，可以使用【缩放】工具、【视图】菜单中的相关命令。

使用【缩放】工具可放大或缩小图像。使用【缩放】工具时，每单击一次都会将

03 在【导航器】面板中单击【放大】按

5.4 图章工具

在Photoshop中，使用图章工具组中的工具也可以通过选取图像中的像素样本来修复和绘制图像，并以将取样点复制到图像应用到其他图像或图像的其他位置，修复或去除图像中的缺陷。

知识点摘
在文中加入大量的知识信息，或是本节知识的重点解析以及难点提示。

01 选择【仿制图章】工具，在控制面板中设置一种画笔样式，在【样本】下拉列表中选择【所有图层】选项。

02 按住Alt键在要修复图像位附近设置取样点，然后在要修复部位移动鼠标并键涂抹。

知识点摘
选中【对齐】复选框，可以对图像连续地进行绘制，而不会丢失当前设置的取样点位置。无论图像停止还是重新开始绘制时，使用相同的取样点来进行绘制。取消选中【对齐】复选框，则在每次停止并重新开始绘制时，使用起始取样点来进行绘制。默认情况下，【对齐】复选框处于启用状态。

【例5-7】使用【仿制图章】工具修复图像实例。
（视频素材）（光盘素材\第05章\例5-7）

01 选择【文件】|【打开】命令，打开图像文件，选择【图层】面板中【创建新图层】按钮创建新图层。

进阶技巧
【仿制图章】工具将不限定在同一张图像中进行，也可以把某图像中的局部内容复制到另一张图像之中。在进行不同图像之间的复制时，可以将两幅图像并排排列在Photoshop窗口中，以选择源图像的复制内容，以及目标图像的复制位置。

进阶技巧
讲述软件操作在实际应用中的技巧，让读者少走弯路、事半功倍。

2.7 疑点解答

● 问：如何在Photoshop中创建库？

答：在Photoshop中打开一幅图像文件，然后单击【库】面板右上角的面板菜单按钮，从弹出的菜单中选择【从文档创建新库】命令，或选择单击下方的【从文档创建新库】按钮。在【从文档创建新库】对话框中，可以选择需要创建、库的内容，单击【创建】按钮即可将打开的图像文件中的资源导入到库中，以便在其他文档中重复使用。

● 问：如何在Photoshop CC 2017中应用Adobe Stock中的模板？

答：Adobe Stock提供数百万高品质的免版税矢量图形、照片、插图和矢量图形。在Photoshop中利用Adobe Stock可中丰富的模板和空白模板，可以方便用户快速建立自己的创意项目。在Photoshop中的【新建文档】对话框中的文档列表，在【最近使用】选项卡中直接选取下载的模板选项，选中所需的模板，单击【打开】按钮即可在工作区中进行相关的设计。

疑点解答
对本章内容做扩展补充，同时拓宽读者的知识面。

● 问：如何使用Photoshop CC 2017中的画板？

对于设计人员，会发现有一个设计过程经常需要适合多种设备或应用程序的界面，这时Photoshop中的画板，可以帮助用户快速实现设计过程，可以将多个画板放置在一个工作区中，同步查看和展示自己的多个不同尺寸的设计，画板设计能更加容易和准确的设计。

在Photoshop中要创建一个带有画板的文档，可以选择【文件】|【新建】命令，打开【新建文档】对话框，选中【画板】复选框，选择预设的画板尺寸或设置自定义尺寸，然后单击【创建】按钮即可。

如果已有文档，可将其图层组或图层快速转换为画板。在【图层】面板中选中图层组，并在选中的图层组上右击，从弹出的菜单中选择【来自图层组的画板】命令，即可将其转换为画板。

云视频教学平台

光盘附赠的云视频教学平台能够让读者轻松访问上百 GB 容量的免费教学视频学习资源库。该平台拥有海量的多媒体教学视频，让您轻松学习，无师自通！

单击【云视频教学】按钮

图1

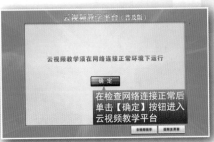

在检查网络连接正常后单击【确定】按钮进入云视频教学平台

图2

在该界面中可以单击想学习的案例标题，即可进入对应的视频播放界面；此外，单击下方的翻页按钮可以查看其他视频教学内容

图4

在主界面中单击您想学习的图书标题，即可进入对应的教学内容界面

图3

进入视频教学界面，单击下方控制条可以控制视频教学的播放

图5

》》光盘主要内容

本光盘为《入门与进阶》丛书的配套多媒体教学光盘，光盘中的内容包括18小时与图书内容同步的视频教学录像和相关素材文件。光盘采用真实详细的操作演示方式，详细讲解了电脑以及各种应用软件的使用方法和技巧。此外，本光盘附赠大量学习资料，其中包括多套与本书内容相关的多媒体教学演示视频。

》》光盘操作方法

将DVD光盘放入DVD光驱，几秒钟后光盘将自动运行。如果光盘没有自动运行，可双击桌面上的【我的电脑】或【计算机】图标，在打开的窗口中双击DVD光驱所在盘符，或者右击该盘符，在弹出的快捷菜单中选择【自动播放】命令，即可启动光盘进入多媒体互动教学光盘主界面。

① 进入普通视频教学模式
② 进入自动播放演示模式
③ 阅读本书内容介绍
④ 单击进入云视频教学界面
⑤ 打开赠送的学习资料文件夹
⑥ 打开素材文件夹
⑦ 退出光盘学习

光盘使用说明

普通视频教学模式

图1

Office 2016电脑办公入门与进阶

单击【学习视频】按钮

- 赛扬 1.0GHz 以上 CPU
- 512MB 以上内存
- 500MB 以上硬盘空间
- Windows XP/Vista/7/8/10 操作系统
- 屏幕分辨率 1024×768 以上
- 8 倍速以上的 DVD 光驱

光盘运行环境

图2

Office 2016电脑办公入门与进阶

① 单击章节名称

② 单击实例名称

图3

进入普通视频教学界面

控制视频教学播放

自动播放演示模式

图1

Office 2016电脑办公入门与进阶

单击【自动播放】按钮

图2

进入自动播放视频教学界面，用户无须动手操作，系统将按顺序播放整张光盘

赠送的教学资料

图1

② 打开光盘中教学资料所在文件夹

① 单击【教学资料赠送】按钮

图2

② 打开光盘中素材文件所在文件夹

① 单击【素材文件】按钮

▶ 制作销量对比图

▶ 制作销售数据图表

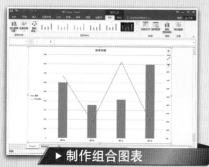

▶ 制作组合图表

▶ 在PPT中设置动画

▶ 制作立体图表

▶ 在PPT中应用图标

▶ 制作战略研究报告

▶ 制作求职简历

▶ PPT中的图表

▶ 简洁大气的公司简介

▶ 营销部清晰风格PPT

▶ 制作生日海报

▶ 制作夏季活动宣传单

▶ 绿色创意工作汇报PPT

▶ PPT中的文本

▶ 精美简约的工作报告

Office 2016
电脑办公
入门与进阶

曹晓松 ◎ 编著

清华大学出版社

北京

内容简介

本书是《入门与进阶》系列丛书之一。全书以通俗易懂的语言、翔实生动的实例，全面介绍了中文版Office 2016办公软件的操作方法和使用技巧。本书共分11章，内容涵盖了Office 2016快速入门，Word文本编辑与排版，Word图文混排与美化，Word文档设置与处理，Excel表格整理与操作，Excel数据计算与统计，Excel图表制作与呈现，PPT幻灯片的创建与设计，PPT动画的设定与控制，PPT模板与版式的使用，Word、Excel和PPT协同办公等内容。

本书内容丰富，图文并茂。全书双栏紧排，全彩印刷，附赠的光盘中包含书中实例素材文件、18小时与图书内容同步的视频教学录像和3～5套与本书内容相关的多媒体教学视频，方便读者扩展学习。此外，光盘中附赠的"云视频教学平台"能够让读者轻松访问上百GB容量的免费教学视频学习资源库。

本书具有很强的实用性和可操作性，是面向广大电脑初中级用户、家庭电脑用户，以及不同年龄阶段电脑爱好者的首选参考书。

图书在版编目(CIP)数据

Office 2016电脑办公入门与进阶 / 曹晓松 编著. —北京：清华大学出版社，2018

(入门与进阶)

ISBN 978-7-302-48655-8

Ⅰ. ①O… Ⅱ. ①曹… Ⅲ. ①办公自动化—应用软件 Ⅳ. ①TP317.1

中国版本图书馆CIP数据核字(2017)第266757号

责任编辑：胡辰浩 袁建华
装帧设计：孔祥峰
责任校对：曹 阳
责任印制：王静怡

出版发行：清华大学出版社
　　　　　网　　　址：http://www.tup.com.cn，http://www.wqbook.com
　　　　　地　　　址：北京清华大学学研大厦A座　　邮　　编：100084
　　　　　社 总 机：010-62770175　　邮　　购：010-62786544
　　　　　投稿与读者服务：010-62776969，c-service@tup.tsinghua.edu.cn
　　　　　质 量 反 馈：010-62772015，zhiliang@tup.tsinghua.edu.cn
印 刷 者：北京鑫丰华彩印有限公司
装 订 者：三河市溧源装订厂
经　　销：全国新华书店
开　　本：150mm×215mm　　插 页：4　　印 张：16.75　　字 数：435千字
　　　　　(附光盘1张)
版　　次：2018年1月第1版　　印 次：2018年1月第1次印刷
印　　数：1～3500
定　　价：48.00元

产品编号：071602-01

　　熟练操作电脑已经成为当今社会不同年龄层次的人群必须掌握的一门技能。为了使读者在短时间内轻松掌握电脑各方面应用的基本知识，并快速解决生活和工作中遇到的各种问题，清华大学出版社组织了一批教学精英和业内专家特别为电脑学习用户量身定制了这套《入门与进阶》系列丛书。

丛书、光盘和网络服务

　　● 双栏紧排，全彩印刷，图书内容量多实用　本丛书采用双栏紧排的格式，使图文排版紧凑实用，其中260多页的篇幅容纳了传统图书一倍以上的内容。从而在有限的篇幅内为读者奉献更多的电脑知识和实战案例，让读者的学习效率达到事半功倍的效果。

　　● 结构合理，内容精炼，操作技巧轻松掌握　本丛书紧密结合自学的特点，由浅入深地安排章节内容，让读者能够一学就会、即学即用。书中的范例通过添加大量的"知识点滴"和"进阶技巧"的注释方式突出重要知识点，使读者轻松领悟每一个范例的精髓所在。

　　● 书盘结合，互动教学，操作起来十分方便　丛书附赠一张精心开发的多媒体教学光盘，其中包含了18小时左右与图书内容同步的视频教学录像。光盘采用真实详细的操作演示方式，紧密结合书中的内容对各个知识点进行深入的讲解。光盘界面注重人性化设计，读者只需要单击相应的按钮，即可方便地进入相关程序或执行相关操作。

　　● 赠品免费，素材丰富，量大超值，实用性强　附赠光盘采用大容量DVD格式，收录书中实例视频、源文件以及3～5套与本书内容相关的多媒体教学视频。此外，光盘中附赠的云视频教学平台能够让读者轻松访问上百GB容量的免费教学视频学习资源库，在让读者学到更多电脑知识的同时真正做到物超所值。

　　● 在线服务，贴心周到，方便老师定制教案　本丛书精心创建的技术交流QQ群(101617400、2463548)为读者提供24小时便捷的在线交流服务和免费教学资源；便捷的教材专用通道(QQ：22800898)为老师量身定制实用的教学课件。

本书内容介绍

　　《Office 2016电脑办公入门与进阶》是这套丛书中的一本，该书从读者的学习兴趣和实际需求出发，合理安排知识结构，由浅入深、循序渐进，通过图文并茂的方式讲解中文版Office 2016软件的操作技巧和方法。全书共分为11章，主要内容如下。

第1章：介绍Office 2016基础知识和常用操作。
第2章：介绍使用Word 2016编辑并排版文档的方法与技巧。
第3章：介绍使用Word 2016制作图文混排页面的方法与技巧。
第4章：介绍在Word中使用模板、样式、主题，并设置页眉、页脚、页码、脚

注、尾注的方法。

第5章：介绍使用Excel编辑、整理与操作电子表格的方法。

第6章：介绍使用公式、函数的基础知识，以及对表格执行排序、筛选、分类汇总的方法与技巧。

第7章：介绍在Excel中创建、编辑与设置各类图表的方法与相关知识。

第8章：介绍使用PowerPoint设计并制作PPT演示文稿的常用操作。

第9章：介绍PPT幻灯片切换动画和对象动画的添加、设置与控制。

第10章：介绍下载、套用与整理PPT模板的方法与技巧。

第11章：介绍Word、Excel和PowerPoint这3个软件相互协同工作的方法与技巧。

读者定位和售后服务

本书具有很强的实用性和可操作性，是面向广大电脑初中级用户、家庭电脑用户，以及不同年龄阶段电脑爱好者的首选参考书。

如果您在阅读图书或使用电脑的过程中有疑惑或需要帮助，可以登录本丛书的信息支持网站(http://www.tupwk.com.cn/improve3)或通过E-mail(wkservice@vip.163.com)联系，本丛书的作者或技术人员会提供相应的技术支持。

除封面署名的作者外，参加本书编写的人员还有陈笑、孔祥亮、杜思明、高娟妮、熊晓磊、曹汉鸣、何美英、陈宏波、潘洪荣、王燕、谢李君、李珍珍、王华健、柳松洋、陈彬、刘芸、高维杰、张素英、洪妍、方峻、邱培强、顾永湘、王璐、管兆昶、颜灵佳等。由于作者水平所限，本书难免有不足之处，欢迎广大读者批评指正。我们的邮箱是huchenhao@263.net，电话是010-62796045。

最后感谢您对本丛书的支持和信任，我们将再接再厉，继续为读者奉献更多更好的优秀图书，并祝愿您早日成为电脑应用高手！

《入门与进阶》丛书编委会
2017年10月

第1章　Office 2016快速入门

第2章　Word文本编辑与排版

第3章　Word图文混排与美化

第4章 Word文档设置与处理

第5章 Excel表格整理与操作

第6章 Excel数据计算与统计

第7章　Excel图表制作与呈现

第8章　PPT幻灯片的创建与设计

第9章 PPT动画的设定和控制

第10章 PPT模板与版式的使用

Office 2016电脑办公 入门与进阶

第11章 Word、Excel和PowerPoint协同办公

第1章

Office 2016快速入门

本章作为全书的开端，将介绍Office 2016的一些基本信息，帮助用户能够清楚地认识该软件的三大组件Word、Excel和PowerPoint，并掌握相关基本操作，为下面进一步深入地使用Office软件处理办公文档打下坚实的基础。

对应光盘视频

例1-1 自定义快速访问工具栏　　　　例1-4 使用【格式刷】工具
例1-2 自定义工作界面颜色　　　　　　例1-5 将文件导出为PDF格式
例1-3 使用标尺、参考线和网格

1.1 Office 2016入门常识

Office 2016也称作Office 16，是办公文秘、行政人员处理日常办公文件最常用的软件。使用该软件中的3个主要组件——Word、Excel、PowerPoint，用户不仅可以轻松制作各种工作文档，例如合同、通知、函件、表格、考勤、报告等，还可以利用软件的自带功能，将文档通过网络发送给同事，或打印出来呈交领导。本节将主要介绍使用Office 2016软件之前用户应掌握的常识，包括软件的安装步骤和Word、Excel、PowerPoint三大组件的功能。

1.1.1 安装软件

安装程序一般都有特殊的名称，其后缀名一般为.exe，名称一般为Setup或Install，这就是安装文件了，双击该文件，即可启动应用软件的安装程序，然后按照软件提示逐步操作即可。

01 首先获取Microsoft Office 2016的安装光盘或者安装包，然后找到安装程序(一般来说，软件安装程序的文件名为Setup.exe)。

02 双击安装程序，系统弹出【Microsoft Office专业增强版 2016】对话框，选择软件的安装方式，本例单击【自定义】按钮。

03 在打开的对话框中选择Office软件需要安装的组件，然后单击【继续】按钮。

04 接下来根据安装软件提示，即可完成Office 2016的安装与激活。

1.1.2 常用组件

Office 2016组件主要包括Word、Excel、PowerPoint等，它们可分别完成文档处理、数据处理、制作演示文稿等工作。

● Word：专业的文档处理软件，能够帮助用户快速地完成报告、合同等文档的编写。其强大的图文混排功能，能够帮助用户制作图文并茂且效果精美的文档。

● Excel：专业的数据处理软件，通过它用户可方便地对数据进行处理，包括数据的排序、筛选和分类汇总等。它是办公人员进行财务处理和数据统计的好帮手。

● PowerPoint：专业的演示文稿制作软件，能够集文字、声音和动画于一体制作生动形象的多媒体演示文稿，例如方案、策划、会议报告等。

认识Office 2016的各个组件后，就可以根据不同的需要选择启动不同的软件来完成工作。启动Office 2016中的组件可采用多种不同的方法，具体如下。

● 通过开始菜单启动：单击【开始】按钮，选择【所有程序】| Microsoft Office | Microsoft Office Word 2016命令，即可启动Word 2016，同理也可启动其他组件。

● 双击快捷方式启动：通常软件安装完成后会在桌面上建立快捷方式图标，双击这些图标即可启动相应的组件。

● 通过已有的文件启动：如果电脑中已经存在已保存的文件，可双击这些文件启动相应的组件。例如双击Word文档文件可打开文件并同时启动Word 2016，双击Excel文档可打开工作簿并同时启动Excel 2016。

1.2 Office 2016窗口界面

Office 2016中各个组件的工作界面大致相同，本书主要介绍Word、Excel和PowerPoint这3个组件，下面以Word 2016为例来介绍它们的共性界面。

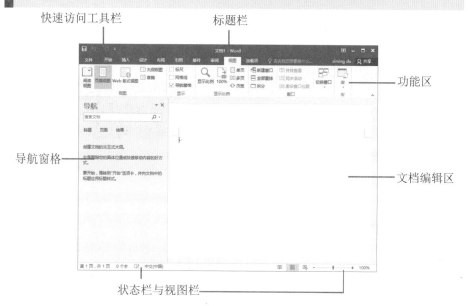

快速访问工具栏　标题栏　功能区　导航窗格　文档编辑区　状态栏与视图栏

在Office系列软件的界面中，通常会包含以下一些界面元素。

● 快速访问工具栏：快速访问工具栏中包含最常用操作的快捷按钮，方便用户使用。在默认状态中，快速访问工具栏中含3个快捷按钮，分别为【保存】按钮、【撤销】按钮和【恢复】按钮，以及旁边的下拉按钮。

● 标题栏：标题栏位于窗口的顶端，用于显示当前正在运行的程序名及文件名等信息。标题栏最右端有3个按钮，分别用来控制窗口的最小化、最大化和关闭。

最小化　最大化　关闭

● 功能区：在Word 2016中，功能区是完成文本格式操作的主要区域。在默认状态下，功能区主要包含【文件】、【开始】、【插入】、【设计】、【布局】、【引用】、【邮件】、【审阅】、【视图】和【加载项】10个基本选项卡。

● 导航窗格：导航窗格主要显示文档的标题文字，以便用户快速查看文档，单击其中的标题，可快速跳转到相应的位置。

● 文档编辑区：文档编辑区就是输入文本，添加图形、图像以及编辑文档的区域，用户对文本进行的操作结果都将显示在该区域。

● 状态栏与视图栏：状态栏和视图栏位于Word窗口的底部，显示了当前文档的信息，如当前显示的文档是第几页、第几节和当前文档的字数等。在状态栏中还可以显示一些特定命令的工作状态。另外，在视图栏中通过拖动【显示比例滑杆】中的滑块，可以直观地改变文档编辑区的大小。

1.3 Office 2016基本操作

本节将以Word 2016为例，介绍Office 2016的基本操作方法，包括新建文档、打开文档、关闭文档、保存文档以及自定义组件功能等。

1.3.1 新建文档

在Word、Excel和PowerPoint等Office组件中，创建一个新文档最常用的方法如下。

01 选择【文件】选项卡，在弹出的菜单中选择【新建】命令，在显示的选项区域中单击【空白文档】按钮(或者按下Ctrl+N组合键)，即可创建一个空白Word文档。

双击空白文档即可

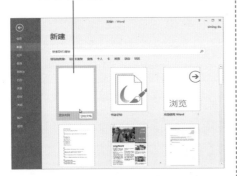

02 如果在上图所示的【新建】选项区域中单击一种模板样式，在打开对话框中单击【创建】按钮。

03 此时将创建一个文档，并自动套用所选的模板样式。

用 Office 软件自带的模板创建的文档

1.3.2 打开文档

如果用户要打开一个Office 2016文档，可以参考下列操作。

01 选择【文件】选项卡，在弹出菜单中选择【打开】命令，然后单击【浏览】按钮(或者按下Ctrl+O组合键)。

02 在打开的【打开】对话框中选择一个文档后，单击【打开】按钮即可。

1.3.3 保存文档

如果用户需要保存正在编辑的Office文

档，可以参考下列步骤操作。

01 选择【文件】选项卡，在弹出的菜单中选择【另存为】命令(或按下F12键)，在展开的选项区域中单击【浏览】按钮。

02 打开【另存为】对话框，在【文件名】文本框中输入文档名称后，单击【保存】按钮即可将文档保存。

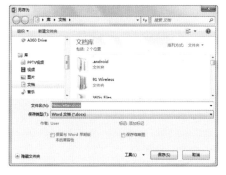

1.3.4 关闭文档

在Office 2016中，要关闭文档，有以下几种方法。

- 选择【文件】选项卡，在弹出的菜单中选择【关闭】命令。
- 单击窗口右上角的【关闭】按钮。
- 按下Alt+F4组合键。

1.3.5 自定义功能

虽然Office 2016具有统一风格的界面和功能，但为了方便用户操作，用户可对其各个组件进行个性化设置，例如，自定义快速访问工具栏、更改界面颜色、自定义功能区等。

1 自定义快速访问工具栏

快速访问工具栏包含一组独立于当前所显示选项卡的命令，是一个可自定义的工具栏。用户可以快速地自定义常用的命令按钮，单击【自定义快速访问工具栏】下拉按钮，从弹出的下拉菜单中选择【打开】命令，即可将【打开】按钮添加到快速访问工具栏中。

【例1-1】将【快速打印】和【格式刷】按钮添加到Word 2016的快速访问工具栏中。
视频

01 在快速访问工具栏中单击【自定义快速工具栏】按钮，在弹出的菜单中选择【快速打印】命令，将【快速打印】按钮添加到快速访问工具栏中。

02 右击快速访问工具栏，在弹出的菜单中选择【自定义快速访问工具栏】命令。

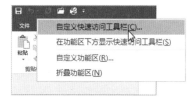

03 打开【Word选项】对话框，在【从下列位置选择命令】列表框中选择【格式刷】选项，然后单击【添加】按钮，将【格式刷】按钮添加到【自定义快速访问工具栏】的列表框中。

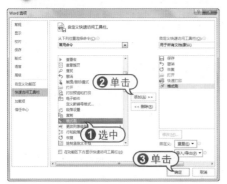

有彩色、深灰色和白色 3 种颜色方案

04 单击【确定】按钮，即可在快速访问工具栏中添加【格式刷】按钮。

【快速打印】按钮 ——

【格式刷】按钮

05 在快速访问工具栏中右击某个按钮，在弹出的快捷菜单中选择【从快速访问工具栏删除】命令，即可将该按钮从快速访问工具栏中删除。

2 自定义软件界面颜色

Office 2016各组件都有其软件默认的工作界面(例如Word 2016为蓝色和白色，Excel 2016为绿色和白色)。用户可以通过更改界面颜色，定制符合自己需求的软件窗口颜色。

【例1-2】通过设置自定义Office 2016软件的工作界面颜色(以Word 2016为例)。

▶ 视频 ▶

01 单击【文件】按钮，从弹出的菜单中选择【选项】命令。

02 打开【Word选项】对话框的【常规】选项卡，单击【Office主题】下拉按钮，在弹出的菜单中选择【深灰色】命令。

03 单击【确定】按钮，此时Word 2016工作界面的颜色被改为深灰色。

3 自定义功能区

用户还可以根据需要，在功能区中添加新选项和新组，并增加新组中的按钮，方法如下。

01 在功能区中任意位置右击，从弹出的快捷菜单中选择【自定义功能区】命令。

02 打开【Word 选项】对话框，切换至【自定义功能区】选项卡，单击右下方的【新建选项卡】按钮。

03 选中创建的【新建选项卡(自定义)】选项，单击【重命名】按钮，打开【重命名】对话框，在【显示名称】文本框中输入"新增"，单击【确定】按钮。

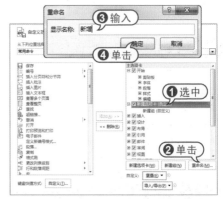

04 返回至【Word 选项】对话框，在【主选项卡】列表框中显示重命名的新选项卡。

05 在【自定义功能区】选项组的【主选项卡】列表框中选中【新建组(自定义)】选项卡,单击【重命名】按钮。

06 打开【重命名】对话框,在【符号】列表框中选择一种符号,在【显示名称】文本框中输入"Office工具",然后单击【确定】按钮。

07 在【从下列位置选择命令】下拉列表

框中选择【不在功能区中的命令】选项,并在下方的列表框中选择需要添加的按钮(选择【标注】选项),单击【添加】按钮,即可将其添加到新建的【Office工具】组中。

08 完成自定义设置后,单击【确定】按钮,返回至Word工作界面,此时显示【新增】选项卡,打开该选项卡,即可看到【Office工具】命令组中的【标注】按钮。

1.4 办公文档的高效打印

使用Office 2016打开一个办公文档后,单击【文件】按钮,在弹出的菜单中选择【打印】选项,或按下Ctrl+P组合键即可打开如下图所示的文档打印界面。

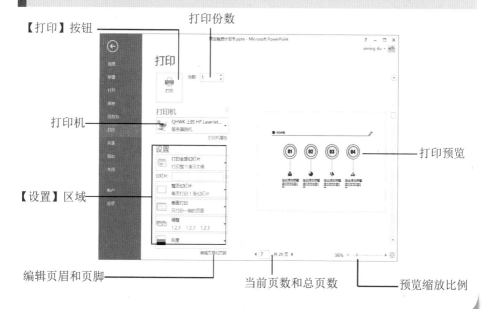

在【打印】界面中，设置一个可用的打印机和需要打印的份数，并在窗口右侧的打印预览区域确认无误后，单击【打印】按钮，即可采用软件默认的设置，打印全部文档内容。

除此以外，Word、Excel和PowerPoint等软件在打印文档时各有其技巧，下面将通过介绍操作步骤详细介绍。

1.4.1 Word文档的打印技巧

在Word中用户还可以根据工作文档的打印需求，设置不同的文档打印方式。

1 打印指定的页面

在打印长文档时，用户如果只需要打印其中的一部分页面，可以参考以下方法。

01 以打印文档中的2、5、13、27页为例，单击【文档】按钮，在弹出的菜单中选择【打印】命令，在打开的选项区域中的【页数】文本框中输入"2,5,13,27"后，单击【打印】按钮即可。

自定义打印范围

02 以打印文档中的1、3和5~12页为例，在【打印】选项区域的【页面】文本框中输入"1,3,5-12"后，单击【打印】按钮即可。

03 如果用户需要打印Word文档中当前正在编辑的页面，可以在打开上图所示的【打印】选项区域后，单击【设置】选项列表中的第一个按钮(默认为【打印所有页】选项)，在弹出的列表中选择【打印当前页

面】选项，然后单击【打印】按钮即可。

2 缩小打印文档

如果用户需要将Word文档中的多个页面打印在一张纸上，可以参考以下方法。

01 单击【文件】按钮，在弹出的菜单中选择【打印】命令，在显示的选项区域中单击【每版打印1页】按钮，在弹出的列表中可以选择1张纸打印几页文档。

02 以选择【每版打印2页】选项为例，选择该选项后，单击【每版打印2页】按钮，在弹出的列表中选择【缩放至纸张大小】选项，在显示的列表中选择打印所使用的实际纸张大小。

先设置每版打印2页

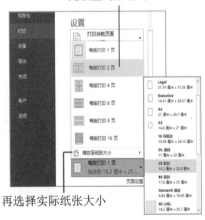

再选择实际纸张大小

03 最后，在【打印】选项区域中单击

【打印】按钮即可。

3 双面打印文档

在Word 2016中，用户可以参考以下方法，设置自动双面打印文档。

01 单击【文件】按钮，在弹出的菜单中选择【选项】命令，打开【Word选项】对话框，选择【高级】选项卡，在显示的选项区域中选择【在纸张背面打印以进行双面打印】复选框，然后单击【确定】按钮。

02 按下Ctrl+P组合键，打开Word打印界面，单击【单面打印】选项，在弹出的列表中选择【双面打印】选项。

纵向打印一般选择翻转长边的页面

横向打印一般选择翻转短边的页面

03 单击【打印】按钮，即可通过Word 2016对文档执行双面打印，打印过程中文档的一面打印完毕后，将打印机的纸张换

面(文字面向下)，然后在电脑中打开的提示对话框中单击【继续】按钮即可。

1.4.2 Excel表格的打印技巧

在打印Excel工作表时，用户可以根据工作的需求设置表格的打印方法，例如将表格居中在纸张中央打印、固定打印表格的标题行、缩放打印表格等。

1 居中打印表格

如果用户需要将Excel工作表中的数据在纸张中居中打印，可以参考以下方法。

01 打开工作表后，选择【页面布局】选项卡，在【页面设置】组中单击┗按钮。

02 打开【页面设置】对话框，选择【页边距】选项卡，选中【水平】复选框。

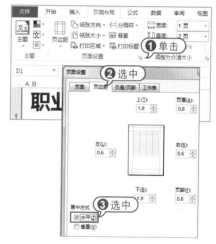

03 单击【确定】按钮，按下Ctrl+P组合键进入打印界面，单击【打印机】按钮，在弹出的列表中选择一个与电脑连接的打印机后，单击【打印】按钮即可。

2 打印表格标题行

当工作表打印内容大于1页时，用户可以参考以下方法，设置Excel在每页固定打印表格的标题行。

01 选择【页面布局】选项卡，在【页面设置】组中单击【打印标题】选项，打开【页面设置】对话框的【工作表】选项卡，单击【顶端标题行】文本框后的按钮。

单击该按钮

02 选中表格中的标题行，按下Enter键。

03 返回【页面设置】对话框，单击【确定】按钮。按下Ctrl+P组合键，在打开的打印界面中单击【打印】按钮即可在打印表格的每一页纸张上都自动添加标题行。

3 缩小打印表格

当工作表中需要打印的内容超出打印纸张的大小时，用户可以参考以下方法将工作表中的所有内容调整在一页内打印。

01 打开工作表后，按下Ctrl+P组合键进入打印界面。

02 单击【无缩放】按钮，在弹出的列表中选择【将所有页调整为一页】选项。此时，表格内容将缩小以适应打印纸张大小。

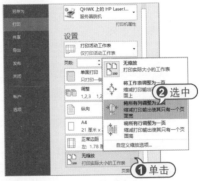

03 若在上图所示的列表中选择【将工作表调整为一页】选项，则可以将工作表中的内容缩小至一张打印纸中打印。

4 设置工作表打印区域

在Excel 2016中，用户可以参考以下方法，设置打印工作表中的指定区域。

01 选中工作表中需要打印的区域后，选择【页面布局】选项卡，单击【打印区域】按钮，在弹出的列表中选择【设置打印区域】选项。

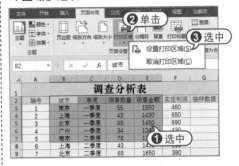

02 按下Ctrl+P组合键，在打开的打印界面中单击【打印】按钮即可打印指定的区域。

03 要取消设置的工作表打印区域，在【页面布局】选项卡的【页面设置】组中单击【打印区域】按钮，在弹出的列表中选择【取消打印区域】选项即可。

5 打印行号、列标

如果用户需要在打印工作表的同时，

打印Excel左侧和上方的行号和列标，可以使用以下方法。

01 打开工作表后，选择【页面布局】选项卡，在【页面设置】组中单击 按钮。

02 打开【页面设置】对话框，选择【工作表】选项卡，选中【行号列标】复选框，然后单击【确定】按钮。

03 按下Ctrl+P组合键打开打印界面后，单击【打印】按钮即可。

6 单色打印表格

如果工作表中的单元格设置了填充颜色，默认情况下会打印出深度颜色不同的区块，使表格打印效果较差。此时，通过在Excel中设置【单色打印】选项，可以不打印单元格背景色，步骤如下。

01 选择【页面布局】选项卡，在【页面设置】组中单击 按钮，打开【页面设置】对话框，在【工作表】选项卡中选中【单色打印】复选框，然后单击【确定】按钮。

02 按下Ctrl+P组合键打开打印界面后，单击【打印】按钮即可。

7 设置表格分页打印

在需要时，用户可以在Excel工作表中插入分页符，将表格中的数据分页打印，具体方法如下。

01 打开工作表后，选中需要插入分页符

的行，选择【页面布局】选项卡，在【页面设置】组中单击【分隔符】按钮，在弹出的列表中选择【插入分页符】选项。

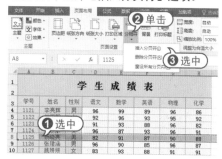

02 按下Ctrl+P组合键，打开打印界面，单击【打印】按钮即可从添加分页符的位置分页打印工作表数据。

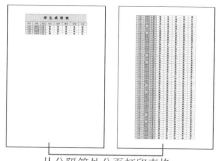

从分隔符处分页打印表格

03 要取消表格的分页打印，选中添加分页符的行后，在【页面布局】选项卡的【页面设置】组中单击【分隔符】按钮，在弹出的列表中选择【删除分页符】按钮即可。

1.4.3 ◀ PPT文稿的打印技巧

在PowerPoint 2016中，制作好的演示文稿不仅可以进行现场演示，还可以将其通过打印机打印出来，分发给观众作为演讲提示。

1 打印PPT的省墨方法

PPT演示文稿通常是彩色的，并且内容较少。在打印时，以灰度的形式打印可

以省墨，方法如下。

01 按下Ctrl+P组合键，进入打印界面，单击【设置】组中的【演示】按钮，在弹出的列表中选择【灰度】选项。

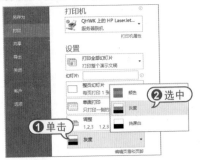

02 此时，可以在打印界面的右侧看到预览区域中的幻灯片以灰度的形式显示。

03 单击【打印机】按钮，在弹出的列表中选择一个可用打印机后，单击【打印】按钮即可。

2 用一张纸打印多页幻灯片

在一张打印纸上可以打印多张PPT幻灯片，设置方法如下。

01 按下Ctrl+P组合键进入打印界面后，在【设置】组中单击【整页幻灯片】按钮，在弹出的列表中选择【2张幻灯片】选项，设置每张纸打印2张幻灯片。

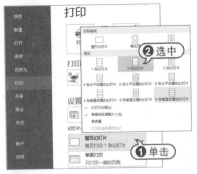

02 此时，在打印界面右侧看到预览区域中一张纸上显示了2张幻灯片。

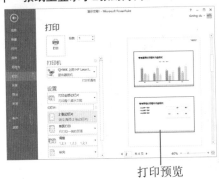

打印预览

03 单击【打印机】按钮，在弹出的列表中选择一个可用打印机后，单击【打印】按钮即可。

1.5 进阶实战

本章的进阶实战部分将通过实例操作介绍Office 2016中一些常用辅助功能的使用方法，例如标尺、参考线与网格、格式刷以及文档导出功能等。

1.5.1 使用标尺、参考线和网格

【例1-3】以PowerPoint为例，掌握在Office 2016中标尺、参考线与网格的用法。

视频+素材 (光盘素材\第01章\例1-3)

01 选择【视图】选项卡，在【显示】命令组中选中【标尺】复选框，即可在窗口中显示如下图所示的标尺。

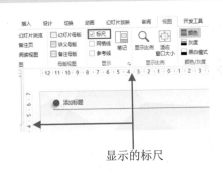

显示的标尺

02 在【显示】命令组中选中【参考线】复选框，可以在窗口中显示参考线，将鼠标指针放置在参考线上方，当指针变为十字形状后，按住鼠标指针拖动，可以调整参考线在窗口中的位置。

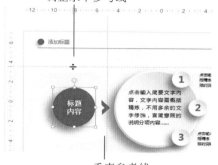

调整水平参考线

垂直参考线

03 参考线可以用于定位各种窗口元素(例如图片、图形或视频)在文档中的位置。

04 在【显示】命令组中选中【网格线】复选框，可以在文档窗口中显示如下图所示的网格线。

05 选中文档中的对象，按住鼠标左键拖动可以利用网格线将对象对齐。

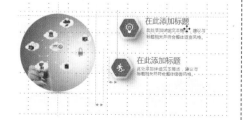

1.5.2 使用【格式刷】工具

【例1-4】以Excel为例，掌握在Office 2016中用【格式刷】工具复制对象格式的方法。
视频+素材 (光盘素材\第01章\例1-4)

01 使用Excel 2016打开一个表格后，选中一个需要复制格式的单元格(或对象)，然后在【开始】选项卡的【剪贴板】命令组中单击【格式刷】按钮。

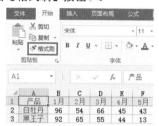

02 使用鼠标拖动选中需要复制格式的目标单元格，即可将步骤1选中单元格的格式复制到目标单元格上。

复制格式

03 如果用户在【剪贴板】命令组中双击【格式刷】按钮，可将对象格式复制到多个区域中。

1.5.3 将文件导出为PDF格式

【例1-5】本节实例将以Word为例，介绍将Office 2016文档导出为PDF/XPS文件的操作方法。
视频+素材 (光盘素材\第01章\例1-5)

01 选择【文件】选项卡，在弹出的菜单中选择【导出】命令，在打开的选项区域中选中【创建PDF/XPS文档】选项，并单击【创建PDF/XPS】按钮。

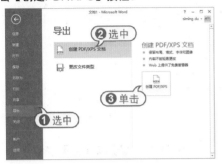

02 打开【发布为PDF或XPS】对话框，单击【保存类型】下拉按钮，在弹出的下拉列表中选择导出文件的类型，在【文件名】文本框中输入导出文件的名称。

03 单击【选项】按钮，在打开的对话框中可以设置导出文档的具体选项参数，完成后单击【确定】按钮。

04 返回【发布为PDF或XPS】对话框，单击【发布】按钮即可将文档导出为PDF(或XPS)文档。

1.6 疑点解答

问：如何查看Office 2016的帮助文件？

答：Office 2016的帮助功能已经被融入到每一个组件中，用户只需单击【帮助】按钮，或者使用F1键，即可打开帮助窗口，具体如下。

01 选择【文件】选项卡，单击窗口右上角的【帮助】按钮，或者按下F1键，打开帮助窗口。

02 在文本框中输入需要查看的信息(例如"合并计算")，然后单击搜索按钮，即可联网搜索到与之相关的内容链接。

帮助

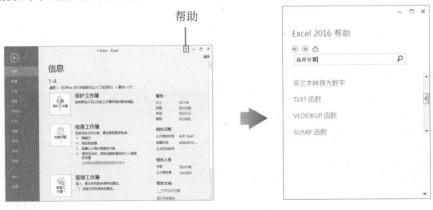

第2章

Word文本编辑与排版

使用Word可以方便地记录文本，并根据需求设置文字的样式，从而制作出具有专业水准的办公文档。本章将主要介绍使用Word 2016编辑与排版文档的操作，包括操作文本、设置文本格式和版式、应用表格设计文档版面布局等。

对应光盘视频

例2-1 快速移动文档段落　　例2-4 制作一个三线表
例2-2 使用"剪贴板"工具　　例2-5 制作一个求职简历
例2-3 为标题样式添加编号

2.1 选取并编辑文本

在编辑与排版Word文档的过程中，经常需要选择文本的内容，对选中的文本内容进行复制或删除操作。本节将详细介绍选择不同类型文本的操作，以及文本的复制、移动、粘贴和删除等操作方法。

2.1.1 选取文本

在Word中常常需要选取文本内容或段落内容，常见的情况有：自定义选择所需内容、选择一个词语、选择段落文本、选择全部文本等，下面将分别进行介绍。

🔹 **选取需要的文本**：打开Word文档后，将光标移动至需要选定文本的前面，按住鼠标左键并拖动，拖至目标位置后释放鼠标即可选定拖动时经过的文本内容。

拖动选择需要的文本

🔹 **选取一个词语**：在文档中需要选择词语处双击鼠标，即可选定该词语，即选定双击鼠标位置的词语。

双击选择词语"预定"

🔹 **选取一行文本**：除了使用拖动方法选择一行文本外，还可以将鼠标光标移动至该行文本的左侧，当光标变成时单击鼠标，即可选取整行文本。

在一行文本左侧单击

🔹 **选取多行文本**：按住鼠标左键不放，沿着文本的左侧向下拖动，拖至目标位置后释放鼠标，即可选中拖动时经过的多行文本。

单击鼠标后向下拖动

🔹 **选取段落文本**：在需要选择段落的任意位置处双击鼠标，可以选中整段文本。

🔹 **选取文档中所有文本**：如果需要选择文档中所有的文本，可以将鼠标光标移动到文本左侧，当光标变为时连续三次单击鼠标即可。

除了使用鼠标选取文档中的文档以外，还可以使用下列快捷键快速选取文档中的文本。

🔹 按下Ctrl+A组合键可以选中文档内所有的内容，包括文档中的文字、表格图形、图像以及某些不可见的Word标记等。

🔹 按下Shift+Page组合键，从光标处向下选中一个屏幕内的所有内容，按下

Shift+PageUp组合键，可以从光标处向上选中一个屏幕内的所有内容。

🖱 按下Shift+向左方向键可以选中光标左边第一个字符，按下Shift+向右方向键可以选中光标右边第一个字符，按下Shift+向上方向键可以选中从光标处至上行同列之间的字符，按下Shift加向下方向键可以选中从光标处至下行同列之间的字符。在上述操作中，按住Shift键的同时连续按下方向键可以获得更多的选择区域。

🖱 按下Ctrl+Shift+向上方向键可以选中光标至段首的范围，按下Ctrl+Shift+向下方向键可以选中光标至段尾的范围。

在选择小范围文本时，可以用按下鼠标左键来拖动的方法，但对大面积文本(包括其他嵌入对象)的选取、跨页选取或选中后需要撤销部分选中范围时，单用鼠标拖动的方法就显得难以控制，此时使用F8键的扩展选择功能就非常有必要，使用F8键的方法及效果如下表所示。

F8键操作	结　果
按一下	设置选取的起点
连续按两下	选取一个字或词
连续按3下	选取一个句子
连续按4下	选取一段
连续按5下	选中当前节
连续按6下	选中全文
按下Shift+F8	缩小选中范围

以上各步操作中，也可以再配合鼠标方向键操作来改变选中的范围。如果光标放在段尾回车符前面，只需要连续按3下F8键即可选中一段，以此类推。需要退出F8键扩展功能时按下Esc键即可。

2.1.2 编辑文本

在编辑文档的过程中，经常需要移动、复制或删除文本内容。下面将分别介绍对文本内容进行此类操作的具体方法。

1 移动文本

在Word 2016中，移动文本的操作步骤如下。

01 选中正文中需要移动的文本，将鼠标光标移至所选文本中，当光标变成🖑形状后进行拖动。

02 将文本拖动至目标位置后释放鼠标，即可移动文本位置。

【例2-1】快速移动文档中的段落。 ▶视频

01 选中需要执行移动操作的段落，将鼠标光标移动到选定段落中，按住鼠标左键不放，这时鼠标指针会变为🖑形状。同时，在选定段落中会出现一个长竖条形的插入点标志"▎"。

02 继续按住鼠标左键不放，移动鼠标指针，将插入点标志"▎"移动到目标位置后

松开鼠标左键，这时原先选定的段落便会移动到"**|**"标志所在的位置。

2 复制和粘贴

复制与粘贴文本的方法如下。

01 选中需要复制的文本后，按下Ctrl+C组合键复制文本。

02 将鼠标光标定位至目标位置后，按下Ctrl+V组合键粘贴文本。

在粘贴文本时，利用"选择性粘贴"功能，可以将文本或对象进行多种效果的粘贴，实现粘贴对象在格式和功能上的应用需求，使原本需要后续多个操作步骤实现的粘贴效果瞬间完成。执行"选择性粘贴"的具体操作方法如下。

01 按下Ctrl+C组合键复制文本后，选择【开始】选项卡，在【剪贴板】命令组中单击【粘贴】下拉按钮，在弹出的列表中选择【选择性粘贴】选项。

02 打开【选择性粘贴】对话框，根据需要选择粘贴的内容，单击【确定】按钮即可。

【选择性粘贴】对话框中各选项的功能说明如下。

- 源：显示复制内容的源文档位置或引用电子表格单元格地址等，若显示为"未

知"，则表示复制内容不支持"选择性粘贴"操作。

- 【粘贴】单选按钮：将复制内容以某种"形式"粘贴到目标文档中，粘贴后断开与源程序的联系。

- 【粘贴链接】单选按钮：将复制内容以某种"形式"粘贴到目标文档中，同时还建立与源文档的超链接，源文档中关于该内容的修改都会反映到目标文档中。

- 【形式】列表框：选择将复制对象以何种形式插入到当前文档中。

- 说明：当选择一种"形式"时进行有关说明。

- 【显示为图标】复选框：在【粘贴】为"Microsoft Word文档对象"或选中【粘贴链接】单选按钮时，该复选框才可以选择，在这两种情况下，嵌入到文档中的内容将以其源程序图标形式出现，用户可以单击【更改图标】按钮来更改此图标。

【例2-2】利用"剪贴板"复制与粘贴文档中的内容。 ▶视频◀

01 选择【开始】选项卡，在【剪贴板】命令组中单击按钮，打开【剪贴板】窗格。

02 选中文档中需要复制的文本、图片或其他内容，按下Ctrl+C组合键将其复制，被复制的内容将显示在【剪贴板】窗格中。

03 重复执行步骤2的操作，【剪贴板】窗格中将显示多次复制的记录。

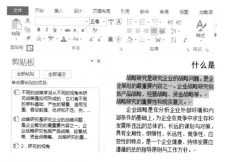

04 将鼠标指针插入Word文档中合适的位

置，双击【剪贴板】窗格中的内容复制记录，即可将相关的内容粘贴至文档中。

删除文本

要删除文档中的文本，只需要将文本选中，然后按下Delete键进行删除即可。

派的学科基础是政治学，等等。

3．理论产生的背景——按 Delete 键删除

主流战略思想还与一定的历史背景有

2.2 插入符号和日期

在Word中可以很方便地插入需要的符号，还可以为常用的符号设置快捷键，在使用时只需要按下自定义的快捷键即可快速插入需要的符号。在制作通知、信函等文档内容时，还可以插入不同格式的日期和时间。本节将介绍插入符号和日期的具体操作方法。

2.2.1 插入符号

在编辑文档时，可以按照下列步骤插入符号。

01 将插入点定位在文档中合适的位置，选择【插入】选项卡，在【符号】命令组中单击【符号】下拉按钮，在弹出的下拉菜单中选择【其他符号】选项。

02 打开【符号】对话框，选择需要的符号后，单击【插入】按钮即可。

03 如果需要为某个符号设置快捷键，可以在【符号】对话框中选中该符号后，单

击【快捷键】按钮，打开【自定义键盘】对话框，在【请按新快捷键】文本框中输入快捷键后，单击【指定】按钮，再单击【关闭】按钮。

04 将鼠标指针插入文档中合适的位置，按下步骤3设置的快捷键即可插入符号。

2.2.2 插入当前日期

如果要在文档中插入当前计算机中的系统日期，可以按下列步骤操作。

01 将鼠标指针插入文档中合适的位置，选择【插入】选项卡，在【文本】命令组中单击【日期和时间】按钮，打开【日期和时间】对话框。

02 在【可用格式】列表框中选择所需的格式，然后单击【确定】按钮。

03 此时，即可在文档中插入当前日期。

工作经验

职务·公司·开始日期 – 结束日期。
概述你的关键职责、领导能力体现和最主要成就：请不要列出所有内容；只需保留相关的工作经验，并包含体现你所作贡献的数据。

职务·公司·开始日期 – 结束日期。
回想你所带领团队的规模，你完成的项目数量，或你写过的文章数量。

教育背景

学校·获得日期·学校。
可在此处列出你的 GPA 以及相关课程、奖励和荣誉的简短摘要。

学校·获得日期·学校。
在功能区的"开始"选项卡上，查看"样式"，单击即可应用所需格式。

志愿者经历或领导能力

你是否管理过俱乐部团队、为最喜爱的慈善团体带领过项目，或编辑过校报？请尽情描述可阐释你领导能力的经历。

2017 年 5 月 16 日星期二

2.3 使用项目符号和编号

在制作文档的过程中，对于一些条理性较强的内容，可以为其插入项目符号和编号，使文档的结构更加清晰。

2.3.1 添加项目符号和编号

用户可以根据需要快捷地创建Word中的项目符号和编号，Word软件允许在输入的同时自动创建列表编号，具体操作步骤如下。

01 选中段落文本后，在【开始】选项卡的【段落】命令组中单击【项目符号】下拉按钮，在弹出的菜单中选择所需的项目符号，即可为段落添加项目符号。

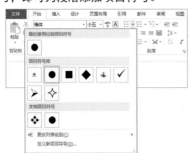

02 在【段落】命令组中单击【编号】下拉按钮，在弹出的菜单中选择需要的编号样式，即可为段落添加编号。

03 选择【文件】选项卡，在弹出的菜单中选择【选项】命令，打开【Word选项】

对话框，选择【校对】选项，并单击【自动更正选项】按钮。

04 打开【自动更正】对话框，选择【键入时自动套用格式】选项卡，选中【自动编号列表】复选框，单击【确定】按钮。

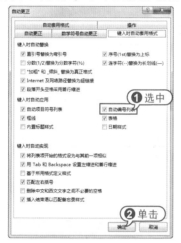

05 此时，在文档下方的空白处输入带编号的文本或者输入文本后添加项目符号，按下回车键后Word将自动在输入文本的下一行显示自动生成的编号。

06 在自动添加的编号后输入相应的文本，如果用户还需要插入一个新的编号，则将插入点定位在需要插入新编号的位置处，按下回车键，软件将根据插入点的位置创建一个新的编号。

【例2-3】为文档中的标题样式添加自动编号。 视频

01 当用户将各级标题文本设置成相应的标题样式后，可以添加自动编号以改善编排效果。选择【开始】选项卡，在【样式】命令组中单击按钮，打开【样式】任务窗格。

02 在【样式】窗格中单击要设置编号的标题右侧的▼按钮，在弹出的菜单中选择【修改】命令，打开【修改样式】对话框。

03 在【修改样式】对话框中单击【格式】下拉按钮，在弹出的菜单中选择【编号】命令，打开【编号和项目编号】对话框，选择一种编号样式，单击【确定】按钮。

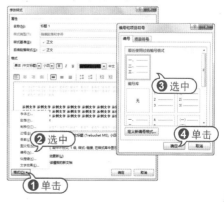

04 返回【修改样式】对话框，单击【确定】按钮即可为选中的标题添加编号。

2.3.2 自定义项目符号和编号

在使用项目符号和编号功能时，除了可以使用系统自带的项目符号和编号样式以外，还可以对项目符号和编号进行自定义设置，具体操作步骤如下。

01 选中一段文本，在【开始】选项卡的【段落】命令组中单击【项目符号】下拉按钮，在弹出的列表中选择【定义新项目符号】选项。

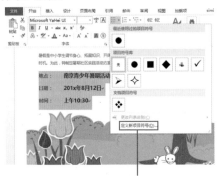

定义新项目符号

02 打开【定义新项目符号】对话框，单击【图片】按钮。

03 打开【插入图片】对话框，单击【来自文件】选项后的【浏览】按钮。

04 在打开的对话框中选择一个作为项目符号的图片，然后单击【插入】按钮。

05 返回【定义新项目符号】对话框，单击【确定】按钮。此时，在【段落】命令组中单击【项目符号】下拉按钮，在弹出的列表中将显示自定义的项目符号。

06 在【段落】命令组中单击【编号】下拉按钮，在弹出的列表中选择【定义新编号格式】选项，打开【定义新编号格式】对话框，在该对话框的【编号样式】下拉列表框中选择需要的样式，在【编号格式】文本框中设置编号格式，单击【确定】按钮。

07 在【段落】命令组中再次单击【编号】按钮，在弹出的列表中可查看并应用定义的编号样式。

2.4 设置格式

在制作Word文档的过程中，为了实现美观的页面版式效果，通常需要设置文字和段落的格式。

2.4.1 设置文本格式

在编制办公文档时，用户可以通过对字体、字号、字形、字符间距和文字效果等内容进行设置来美化文档效果，使文档清晰、美观。下面将介绍设置文本格式的操作步骤。

01 选中文档中的文本后，右击鼠标，在弹出的菜单中选择【字体】命令。

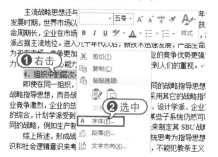

02 打开【字体】对话框，单击【中文字体】按钮，在弹出的列表中选择文本的字体格式，在【字号】列表框中设置文本字号，在【字形】列表框中设置文本字形。

03 选择【高级】选项卡，单击【间距】下拉按钮，在弹出的列表中设置字体间距为【加宽】，并在【磅值】文本框中输入

间距值为"1.5"磅。

04 单击【确定】按钮后，文档中选中文本的效果如下图所示。

> 主流战略思想还与一定的历史背景有关。二十世纪五、六十年代发展时期，世界市场以卖方市场为主，企业所处环境相对稳定，技术命周期长，企业在市场上的定位作用超过对资源的利用。那时候，深派占据主流地位。进入九十年代以后，新技术迅速发展，产品生命周为买方市场，竞争更加激烈，环境变化更快，企业的竞争优势更强调力。于是，以核心能力为主要思想的能力学派受到人们的重视。
>
> **4．组织中的层次**
>　　即使在同一组织，不同的层次也可能采用不同的战略指导思想。战略指导思想，而各战略业务单位(SBU)则可能采用其它的战略指导业竞争激烈，企业的总体战略可能采用能力学派、设计学派、企业家的综合，计划学派受到了人们的冷落。但在它的某些子系统仍然可以同的战略，例如生产制造部门可以采用计划学派来制定其SBU战略
>　　综上所述，形成战略的时候应该以讨论式系统思考为指导思想，识和社会逻辑意识来考虑问题。一切从实际出发，不能犯教条主义的

除此之外，在制作文档时用户还可以使用以下快捷键提高文档的编辑效率。

- Ctrl+B：使选中的文本变为粗体。
- Ctrl+I：使选中的文本变为斜体。
- Ctrl+U：为选中的文本添加下划线。
- Ctrl+Shift+<：缩小字号。
- Ctrl+Shift+>：增大字号。
- Ctrl+Shift+N：删除文本的字符格式。

2.4.2 设置段落格式

对于文档中的段落文本内容，可以设置其段落格式，行距决定段落中各行文字之间的垂直距离，段落间距决定段落上方和下方的空间。下面将介绍设置段落格式的具体操作。

01 将鼠标点定位于文本中(第1行文本)，在【开始】选项卡的【段落】命令组中单击【居中】按钮。

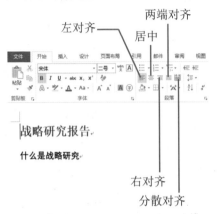

02 此时，第1行文本的对齐方式变为"居中对齐"方式(Word中的文本对齐方式还有左对齐、右对齐、两端对齐、分散对齐)。

03 选中文档中需要设置段落格式的文本，右击鼠标，在弹出的菜单中选择【段落】命令，打开【段落】对话框。

04 在【缩进和间距】选项卡中设置【左侧】和【右侧】的值为"2字符"，单击【特殊格式】下拉按钮，在弹出的列表中选择【首行缩进】选项，并设置其值为"2字符"。

05 单击【行距】下拉按钮，在弹出的列表中选择【1.5倍行距】选项，将【段前】和【段后】的值设置为"1行"和"0行"，然后单击【确定】按钮。

06 此时，被选中段落的文本格式效果如下图所示。

在Word中设置段落的常用快捷键有以下几个。

- Ctrl+Q：删除选中的段落格式。
- Ctrl+1：设置单倍行距。
- Ctrl+2：设置双倍行距。
- Ctrl+5：设置1.5倍行距。
- Ctrl+E：设置段落居中。
- Ctrl+J：设置两端对齐。
- Ctrl+L：设置段落左对齐。
- Ctrl+R：设置段落右对齐。

2.5 使用版式

一般报刊都需要创建带有特殊效果的文档，这就需要使用一些特殊的版式。Word 2016提供了多种特殊版式，常用的有文字竖排、首字下沉和分栏排版。

2.5.1 使用文字竖排版式

古人写字都是以从右至左、从上至下的方式进行竖排书写，但现代人都是以从左至右的方式书写文字。使用Word 2016的文字竖排功能，可以轻松执行古代诗词的输入(即竖排文档)，从而还原古书的效果。

01 选择【布局】选项卡，在【页面设置】命令组中单击【文字方向】按钮，在弹出的列表中选择【垂直】选项。

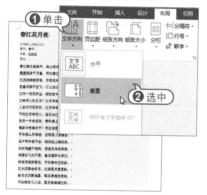

02 此时，将以从上至下、从右到左的方式排列诗词内容。

2.5.2 使用首字下沉版式

首字下沉是报刊中较为常用的一种文本修饰方式，使用该方式可以很好地改善

文档的外观，使文档更引人注目。

01 将鼠标指针插入正文第1段前，选择【插入】选项卡，在【文本】命令组中单击【首字下沉】按钮，在弹出的列表中选择【首字下沉选项】选项。

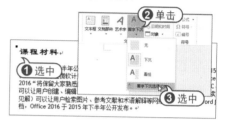

02 打开【首字下沉】对话框，将【位置】设置为【下沉】。

03 单击【确定】按钮后，段落首字下沉的效果如下图所示。

在Word中，首字下沉共有两种不同的方式，一种是普通的下沉，另外一种是悬挂下沉。两种方式的区别在于：【下沉】方式设置的下沉字符紧靠其他的文字，而

【悬挂】方式设置的字符可以随意地移动位置。

2.5.3 使用页面分栏版式

分栏是指按实际排版需求将文本分成若干个条块，使版面更为美观。在阅读报刊时，常常会发现许多页面被分成多个栏目。这些栏目有的是等宽的，有的是不等宽的，从而使得整个页面布局显得错落有致，易于读者阅读。

01 选中文档中的段落，选择【布局】选项卡，在【页面设置】组中单击【分栏】下拉按钮，在弹出的快捷菜单中选择【更多分栏】命令。

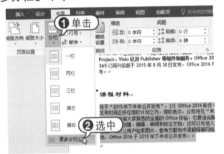

02 打开【分栏】对话框，选择【三栏】

选项，选中【栏宽相等】复选框和【分隔线】复选框。

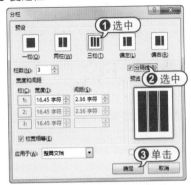

03 在【分栏】对话框中单击【确定】按钮后，文档中被选中的段落的版式效果如下图所示。

2.6 应用表格

在Word文档中使用表格，可以设计出一些左右不对称的文档页面。通过表格将页面分割并分别在不同区域放入不同信息，这样的结构和适当的留白不仅能突出文档的主要信息还可以缓解阅读者的视觉疲劳。

2.6.1 制作与绘制表格

表格由行和列组成，用户可以直接在Word文档中插入指定行列数的表格，也可以通过手动的方法绘制完整的表格或表格的部分。

1 快速制作10×8表格

当用户需要在Word文档中插入列数和行

数在10×8(10为列数，8为行数)范围内的表格，如8×8时，可以按下列步骤操作。

01 选择【插入】选项卡，单击【表格】命令组中的【表格】下拉按钮，在弹出的菜单中移动鼠标让列表中的表格处于选中状态。

02 此时，列表上方将显示出相应的表格列数和行数，同时在Word文档中将显示出相应的表格。

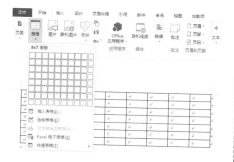

03 单击鼠标左键，即可在文档中插入所需的表格。

2 制作超大表格

当用户需要在文档中插入的表格列数超过10行或行数超过8的表格，如10×12的表格时，可以按下列步骤操作。

01 选择【插入】选项卡，单击【表格】命令组中的【表格】下拉按钮，在弹出的菜单中选择【插入表格】命令。

02 打开【插入表格】对话框，在【列数】文本框中输入10，在【行数】文本框中输入12，然后单击【确定】按钮。

03 此时，将在文档中插入一个10×12大小的表格。

3 将文本转换为表格

在Word中，用户也可以参考下列操作，将输入的文本转换为表格。

01 选中文档中需要转换为表格的文本，选择【插入】选项卡，单击【表格】命令组中的【表格】下拉按钮，在弹出的菜单中选择【文本转换成表格】命令，打开【将文字转换成表格】对话框，根据文

本的特点设置合适的选项参数，单击【确定】按钮。

02 此时，将选中的文本转换为如下图所示的表格。

4 使用"键入时自动应用"插入表格

如果用户仅仅需要插入例如1行2列这样简单的表格，可以在一个空白段落中输入"+--------+--------+"，再按下回车键，Word将会自动将输入的文本更正为一个1行2列的表格。

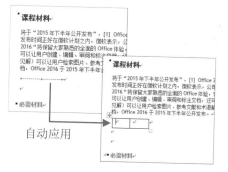

自动应用

如果用户按照上面介绍的方法不能得到表格，是因为Word表格的【自动套用格式】已经关闭，打开方法如下。

01 选择【文件】选项卡，在弹出的菜单中选择【选项】命令，打开【Word选项】对话框，选中【校对】选项卡，单击【自动更正选项】按钮。

02 打开【自动更正】对话框，选择【键入时自动套用格式】选项卡，选中【键入时自动应用】选项区域中的【表格】复选框，然后单击【确定】按钮。

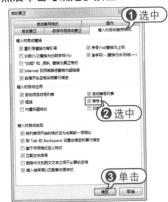

5 手动绘制特殊表格

对于一些特殊的表格，例如带斜线表头的表格或行列结构复杂的表格，用户可以通过手动绘制的方法来创建，具体操作如下。

01 在文档中插入一个3×3的表格，选择【插入】选项卡，单击【表格】命令组中的【表格】按钮，在弹出的列表中选择

【绘制表格】选项。

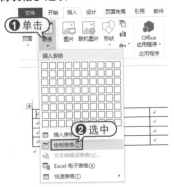

02 此时，鼠标指针将变成笔状，用户可以在表格中进行绘制。

6 制作嵌套表格

Word 2016允许用户在表格中加入新的表格，即嵌套表格。使用嵌套表格的好处主要在于新加入的表格可以作为一个独立的部件存储特殊的数据，并可以随时移动或者删除，而不会影响到被嵌套的表格。

制作嵌套表格的方法有以下两种。

先按常规方法制作一个表格，然后将鼠标光标定位在要加入新表格的单元格中，然后使用本节所介绍的方法插入嵌套表格。

先按常规方法制作两个表格，然后将其中一个表格复制或移动到另一个表格的某一个单元格中。

2.6.2 编辑表格

在Word 2016中制作表格时，用户可以快速选取表格的全部，或者表格中的某些行、列、单元格，然后对其进行设置，

同时还可以根据需要拆分、合并指定的单元格，编辑单元格的行宽、列高等参数。

1 快速选取行、列及整个表格

在编辑表格时，可根据需要选取行、列及整个表格，然后对多个单元格进行设置。

在Word中选取整个表格的常用方法有以下几种。

● 使用鼠标拖动选择：当表格较小时，先选择表格中的一个单元格，然后按住鼠标左键拖动至表格的最后一个单元格即可。

● 单击表格控制柄选择：在表格任意位置单击，然后单击表格左上角显示的控制柄选取整个表格。

控制柄

● 在NumLock键关闭的状态下，按下Alt+5(5是小键盘上的5键)。

● 将鼠标光标定位于表格中，选择【布局】选项卡，在【表】命令组中单击【选择】下拉按钮，在弹出的菜单中选择【选择表格】命令。

选取表格整行的常用方法有下列两种。

● 将鼠标指针放置在页面左侧(左页边距区)，当指针变为┛形状后单击。

● 将鼠标指针放置在一行的第一个单元格中，然后拖动鼠标至该列的最后一个单元格即可。

选取表格整列的常用方法有下列两种。

● 将鼠标指针放置在表格最上方的单元格上边框，当指针变为↓形状后单击。

● 将鼠标指针放置在一列的第一个单元格，然后拖动鼠标至该列的最后一个单元格即可。

如果用户需要同时选取连续的多行或者多列，可以在选中一列或一行时，按住鼠标左键拖动选中相邻的行或列，如果用户需要选取不连续的多行或多列，可以按住Ctrl键执行选取操作。

选中某个单元格的方法：将鼠标指针悬停在某个单元格左侧，当鼠标指针变为➚形状时单击，即可选中该单元格。

2 设置表格根据内容自动调整

在文档中编辑表格时，如果想要表格根据表格中输入内容的多少自动调整大小，让行高和列宽刚好容纳单元格中的字符，可以参考下列方法操作。

01 选取整个表格，右击，在弹出的菜单中选择【自动调整】|【根据内容调整表格】命令。

02 此时，表格将根据其中的内容自动调整大小，效果如下图所示。

课程安排

3 精确设置表格的列宽和行高

在文档中编辑表格时，对于某些单元格，可能需要精确设置它们的列宽和行高，相关的设置方法如下。

01 选择需要设置列宽与行高的表格区域，在【布局】选项卡的【单元格大小】命令组中的【高度】和【宽度】文本框中输入行高和列宽。

02 完成设置后表格行高和列宽效果将如下图所示。

课程安排

4 固定表格的列宽

在文档中设置好表格的列宽后，为了避免列宽发生变化，影响文档版面的美观，可以通过设置固定表格列宽，使其一直保持不变。

01 右击需要设置的表格，在弹出的菜单中选择【自动调整】|【固定列宽】命令。

02 此时，在固定列宽的单元格中输入文本，单元格宽度不会发生变化。

课程安排

周	主题
星期	

5 单独改变表格单元格列宽

有时用户需要单独对某个或几个单元格列宽进行局部调整而不影响整个表格，操作方法如下。

01 将鼠标指针移动至目标单元格的左侧框线附近，当指针变为➤形状时单击选中单元格。

课程安排

星期	课程主题	阅读时间	练习

02 将鼠标指针移动到目标单元格右侧的框线上，当鼠标指针变为十字形状时按住鼠标左键不放，左右拖动即可。

课程安排

星期	课程主题	阅读时间	练习

6 拆分与合并单元格

Word直接插入的表格都是行列平均分布的，但在编辑表格时，经常需要根据录入的内容的关系，合并其中的某些相邻单元格，或者将一个单元格拆分成多个单元格。

在文档中编辑表格时，有时需要将几个相邻的单元格合并为一个单元格。用户可以参考下面介绍的方法合并表格中的单元格。

01 选中需要合并的多个单元格(连续)，右击，在弹出的菜单中选择【合并单元格】命令。

02 此时，被选中的单元格将被合并，效果如下图所示。

课程安排

星期	课程主题	阅读时间	练习

在Word中编辑表格时，经常需要将某个单元格拆分成多个单元格，以分别输入各个分类的数据。用户可以参考下面介绍的方法进行操作。

01 选取需要拆分的单元格，右击鼠标，在弹出的菜单中选择【拆分单元格】命令，打开【拆分单元格】对话框。

02 在【拆分单元格】对话框中设置具体的拆分行数和列数后，单击【确定】按钮。

03 此时，表格拆分效果如下图所示。

课程安排

星期	课程主题	阅读时间	练习

7 快速平均表格列宽与行高

在文档中编辑表格时，出于美观考虑，在单元格大小足够输入字符的情况下，可以平均表格各行的高度，让所有行的高度一致，或者平均表格各列的宽度，使所有列的宽度一致。

01 选取需要设置的表格，右击，在弹出的菜单中选择【平均分布各行】命令。

02 再次右击，在弹出的菜单中选择【平均分布各列】命令。

03 此时，表格中各行、列的宽度和高度将被平均分布，效果如下图所示。

课程安排

课程安排	课程主题	阅读时间	上机练习

8 在表格中增加与删除行或列

在Word中，要在表格中增加一行空行，可以使用以下几种方法。

💡 将鼠标指针插入表格中的任意单元格中，右击，在弹出的菜单中选择【在上方插入行】或【在下方插入行】命令。

● 将鼠标指针移动至表格右侧边缘，当显示"+"符号后，单击该符号。

● 选择【布局】选项卡，在【行和列】命令组中单击【在上方插入】按钮或【在下方插入】按钮。

要在表格中增加一列空列，可以参考以下几种方法。

● 将鼠标指针移动至表格上方两列框线之间，当显示"+"符号后，单击该符号。

● 将鼠标指针插入表格中的任意单元格中，右击，在弹出的菜单中选择【在左侧插入列】或【在右侧插入列】命令。

● 选择【布局】选项卡，在【行和列】命令组中单击【在左侧插入】按钮或【在右侧插入】按钮。

若用户需要删除表格中的行或列，可以参考下列几种方法。

● 将鼠标指针插入表格单元格中，右击，在弹出的菜单中选择【删除单元格】命令，打开【删除单元格】对话框，选择【删除整行】命令，可以删除所选单元格所在的行，选择【删除整列】命令，可以删除所选单元格所在的列。

● 将鼠标指针插入表格单元格中，选择【布局】选项卡，在【行和列】命令组中单击【删除】下拉按钮，在弹出的菜单中选择【删除行】或【删除列】命令。

如果用户需要删除表格中的多行或者多列，可以选中表格中的多行，然后执行以上操作中的一种。

9 设置跨页表格自动重复标题行

对于包含有较多行的表格，可能会跨页显示在文档的多个页面上，而在默认情况下，表格的标题并不会在每页的表格上面都自动显示，这就为表格的编辑和阅读带来了一定阻碍，让用户难以辨认每一页表格中各列存储内容的性质。为了避免这种情况，对于跨页显示的表格，在编辑时可以通过以下设置，让表格在每一页自动重复标题行。

01 将鼠标光标定位至表格第1行中的任意单元格中，右击，在弹出的菜单中选择【表格属性】命令，打开【表格属性】对话框。

02 在【表格属性】对话框中选择【行】选项卡，选中【在各页顶端以标题行形式重复出现】复选框，然后单击【确定】按钮。

03 此时，当表格超过一页文档时将在下一页中自动添加表格标题。

10 设置上下、左右拆分表格

如果要上下拆分Word文档中的表格，有以下3种方法。

👆 将鼠标光标放置在需要成为第二个表格首行的行内，按下Ctrl+Shift+Enter组合键即可。

👆 将鼠标光标放在需要成为第二个表格首行的行内，选择【布局】选项卡，在【合并】命令组中单击【拆分表格】按钮。

👆 选中要成为第二个表格的所有行，按下Ctrl+V组合键剪切，然后按下Enter键在第一个表格后增加一空白段落，再按下Ctrl+V组合键粘贴。

如果要左右拆分表格，可以按下列步骤操作。

01 在文档中插入一个至少有2列的表格，并在其下方输入两个回车符。

02 选中要拆分表格的右半部分表格，将其拖动至步骤1输入的两个回车符前面。

03 选中并右击未被移动的表格，在弹出的菜单中选择【表格属性】命令，打开【表格属性】对话框，选中【环绕】选项，然后单击【确定】按钮。

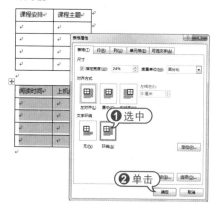

04 将生成的第2个表格拖动到第1个表格的右边，这时第2个表格会自动改变为环绕类型。

11 整体缩放表格

要想一个表格在放大或者缩小时保持纵横比例，可以按住Shift键不放，然后拖动表格右下角的控制柄拖动即可。如果同时按住Shift+Alt键拖动表格右下角的控制点，则可以实现表格锁定纵横比例的精细缩放。

拖动控制点

12 删除表格

删除文档中表格的方法并不是使用Delete键，选中表格后按下Delete键只会清除表格中的内容，正确的删除表格的方法有以下几种。

- 选中表格，按下BackSpace键。
- 选中表格，按下Shift+Delete组合键。
- 选择【布局】选项卡，在【行和列】命令组中单击【删除】按钮，在弹出的菜单中选择【删除表格】命令。

2.6.3 美化表格

创建好表格的基本框架和录入内容后，还可以根据需要对表格进行美化，例如调整表格中字符的对齐方式、设置表格样式、添加底纹和边框等。

1 调整表格内容对齐方式

Word 2016提供多种表格内容对齐方式，可以让文字居中对齐、右对齐或两端对齐等，而居中又可以分为靠上居中、水平居中和靠下居中；靠右对齐可以分为靠上对齐、中部右对齐和靠下右对齐；两端对齐可以分为靠上两端对齐、中部两端对齐和靠下两端对齐。

设置表格内文字对齐方式的具体操作如下。

01 选中整个表格，选择【布局】选项卡，在【对齐方式】命令组中单击【水平居中】按钮。

02 此时，表格中文本的对齐方式将如下图所示。

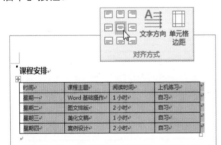

2 调整表格中的文字方向

默认情况下，表格中的文字方向为横向分布，但对于某些特殊的需要，要让文字方向变为纵向分布，可按下列步骤操作。

01 选择要调整文字方向的单元格，在【布局】选项卡的【对齐方式】命令组中单击【文字方向】按钮。

02 此时，表格中的文字方向将改为如下图所示纵向分布。

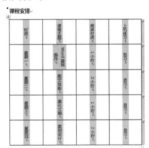

3 通过样式美化表格

在文档中插入表格后，默认的表格样式比较平庸，如果对文稿的版式美观有较高的要求，用户可根据需要调整表格的样式。

01 将鼠标光标定位到要套用样式的表格中，选择【设计】选项卡，在【表格样式】命令组的内置表格样式库中选择一种样式。

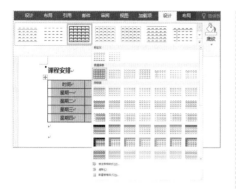

02 此时，即可为表格套用样式，效果如下图所示。

如果Word内置的表格样式不能完全满足用户需要，还可以修改已有的内置表格样式，具体操作步骤如下。

01 选择【设计】选项卡，在【表格样式】命令组中单击【其他】按钮，在展开的库中选择【修改表格样式】选项。

02 打开【修改样式】对话框，根据需要修改样式的各项参数，然后单击【确定】按钮，即可调整Word内置的表格样式。

在Word中，用户也可以为表格创建新的样式，具体步骤如下。

01 选择【设计】选项卡，在【表格样式】命令组中单击【其他】按钮，在展开的库中选择【新建表格样式】选项。

02 打开【根据格式设置创建新样式】对话框，在【名称】文本框中输入新的表格样式名称，在【样式基础】下拉列表中选择一种内置表格样式，其他设置操作与【修改样式】对话框一样。

03 单击【确定】按钮后，再次单击【表格样式】命令组中的【其他】按钮，在展开的库中将显示创建的样式。

4 手动设置表格边框和底纹

除了可以套用Word 2016自带的样式美化表格以外，用户还可以自定义表格的边框和底纹，让表格风格与整个文档的风格一致。

01 选中表格后，在【设计】选项卡的【表格样式】命令组中单击【底纹】下拉

按钮，在弹出的菜单中选择一种颜色即可为表格设置简单的底纹颜色。

02 选中表格后，在【设计】选项卡的【表格样式】命令组中单击【边框】下拉按钮，在弹出的菜单中选择【边框和底纹】选项。

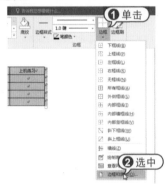

03 打开【边框和底纹】对话框，在【边框】选项卡的【设置】列表中先选择一种边框设置方式，再在【样式】列表中选择表格边框的线条样式，然后在【颜色】下拉列表框中选择边框的颜色，最后在【宽度】下拉列表中选择【边框】的宽度大小。

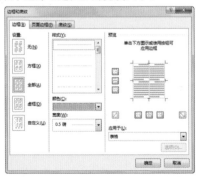

04 选择【底纹】选项卡，在【填充】下拉列表中选择底纹的颜色，如果需要填充图案，可以在【样式】下拉列表中选择图案的样式，在【颜色】下拉列表中选择图案颜色。

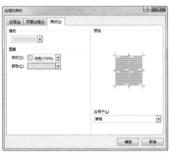

05 单击【确定】按钮，即可为表格应用边框和底纹效果。

【例2-4】制作一个三线表。 视频

01 在文档中插入一个如下图所示5行2列的表格。

02 选中创建的表格，在【设计】选项卡的【表格样式】命令组中单击【其他】按钮，在展开的库中选择【新建表格样式】选项。

03 打开【根据格式设置创建新样式】对话框，在【名称】文本框中输入"三线表"，在【样式基准】下拉列表中选择【古典型1】，在【将格式应用于】下拉列表中选择【汇总行】选项，在【框线样式】下拉列表中选择【上框线】，选择【仅限此文档】单选按钮，然后单击【确定】按钮即可。

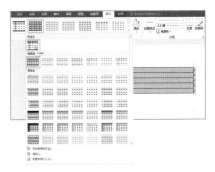

05 此时，文档中的表格将应用如下图所示的三线表样式。

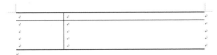

04 选中表格，在【设计】选项卡的【表格样式】命令组中单击【其他】按钮，在展开的库中选择【三线表】样式。

2.7 进阶实战

本章的进阶实战部分将通过实例介绍在Word中制作一个如下图所示"求职简历"的方法，帮助用户巩固所学的知识，并进一步掌握编辑与排版文档页面的方法。

用表格设计结构

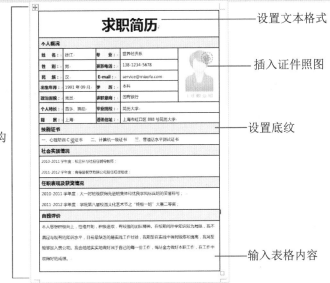

设置文本格式

插入证件照图

设置底纹

输入表格内容

【例2-5】使用Word制作一个求职简历。
视频+素材 (光盘素材\第05章\例5-5)

01 按下Ctrl+N组合键新建一个空白Word文档后，选择【布局】选项卡，在【页面设置】组中单击【页面设置】按钮。

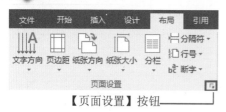

【页面设置】按钮

02 打开【页面设置】对话框，选择【页边距】选项卡，在【上】、【下】、【左】、【右】文本框中输入参数"1厘米"，然后单击【确定】按钮。

03 选择【插入】选项卡，在【表格】组中单击【表格】按钮，在弹出的列表中选择【插入表格】选项。

04 打开【插入表格】对话框，在【行数】文本框中输入17，在【列数】文本框中输入4，然后单击【确定】按钮，在文档中插入一个17行4列的表格。

05 选中表格第1行单元格，右击，在弹出的菜单中选择【合并单元格】命令，然后在合并后的单元格中输入文本"求职简历"。

06 选中输入的文本，在【开始】选项卡中将【字体】设置为【微软雅黑】，将【字号】设置为【初号】，并单击【加粗】按钮 B，加粗文本。

字体　字号

加粗

求职简历

07 按下Ctrl+E组合键，使选中的文本在单元格中居中。

08 重复以上操作，在表格中输入文本并设置文本格式。

09 按住Ctrl键拖动鼠标，选中表格第3~9行的第1、3列，右击，在弹出的菜单中选择【表格属性】命令。

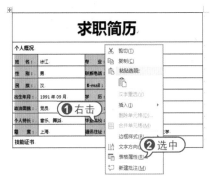

10 打开【表格属性】对话框，选择【单元格】选项卡，在【指定宽度】文本框中输入"2.55厘米"。

11 选择【表格】选项卡，单击【边框和底纹】按钮。

12 打开【边框和底纹】对话框，选择【底纹】选项卡，单击【填充】下拉按钮，在弹出的列表中选择一种底纹颜色，然后单击【确定】按钮。

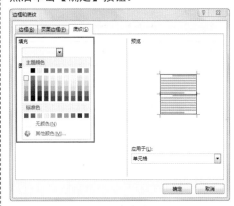

13 按住Ctrl键拖动鼠标，选中表格第3~9行的第2列，参考步骤10的操作，将选中的单元格的字号宽度设置为"3.5厘米"。

14 将鼠标指针插入表格第3行第4列的单元格中，在【布局】选项卡的【合并】组中单击【拆分单元格】按钮。

15 打开【拆分单元格】对话框，在【列数】文本框中输入2，在【行数】文本框中输入1，然后单击【确定】按钮。

16 重复步骤15、16的操作，拆分表格第4~7行的第4列单元格。

17 按住Ctrl键拖动鼠标选中拆分后的空白单元格，在【合并】组中单击【合并单元格】按钮将单元格合并。

18 按住鼠标左键拖动合并后单元格左侧的边框，调整单元格的大小，然后将鼠标指针插入单元格中，在【插入】选项卡的【插图】组中单击【图片】按钮，在单元格中插入如下图所示的图片。

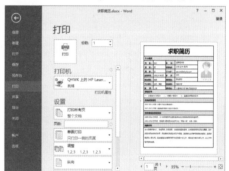

19 选中表格的第2行，选择【设计】选项卡，在【表格样式】组中单击【底纹】下拉按钮，在弹出的列表中选择一种颜色作为单元格底纹。

20 重复步骤19的操作，为表格中其他单元格设置底纹颜色，然后按下F12键打开【另存为】对话框，将制作的文档以文件名"求职简历"保存。

21 按下Ctrl+P组合键打开【打印】界面，设置好打印机和需要打印的份数后，单击【打印】按钮，打印制作的文档。

2.8 疑点解答

◀┃ 问：在Word 2016中有哪些快捷键可以帮助我们提高工作效率？

答：在Word中按下Ctrl+Z组合键可以撤销上一个操作；按下Ctrl+Y组合键可以重复上一个操作；按下Ctrl+Shift+C组合键可以复制当前格式；按下Ctrl+Shift+V组合键可以粘贴复制的格式；按下F4键可以快速重复执行上一步的操作；按下Ctrl+End组合键可以快速切换到文档末尾；按下Ctrl+Home组合键可以快速切换到文档的开头部分。

第3章

Word图文混排与美化

在文档中适当地插入图片对象，不仅会使文章、报告等办公文档显得生动有趣，还能帮助用户更快地理解文章内容。本章将通过一系列简单实用的案例操作，介绍在Word 2016中使用图文混排修饰文档的方法与技巧。

对应光盘视频

例3-1 利用遮罩裁剪图片
例3-2 制作特殊样式的图形
例3-3 设置文档页面颜色

例3-4 设置文档图片底纹
例3-5 制作一个"入场券"

3.1 插入图片

　　在制作文档时，常常需要插入相应的图片文件来具体说明一些相关的内容信息。在Word 2016中，用户可以在文档中插入计算机中保存的图片，也可以插入屏幕截图。

3.1.1 插入图片文件

　　用户可以直接将保存在计算机中的图片插入Word文档中，也可以利用扫描仪或者其他图形软件插入图片到Word文档中，方法如下。

01 将鼠标指针插入文档中合适的位置后，选择【插入】选项卡，在【插入】命令组中单击【图片】按钮。

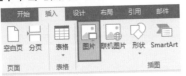

02 打开【插入图片】对话框，选中一个图片文件，单击【插入】按钮，即可将选中的文件插入至Word文档中。

3.1.2 插入屏幕截图

　　用户如果需要在Word文档中使用当前页面中的某个图片或者图片的一部分，则可以利用Word 2016的"屏幕截图"功能来实现。下面将介绍插入屏幕截图以及自定义屏幕截图的方法。

1 插入屏幕截图

　　屏幕视图指的是当前打开的窗口，用户可以快速捕捉打开的窗口并将其插入到文档中。

01 选择屏幕窗口，在【插入】选项卡的【插图】命令组中单击【屏幕截图】下拉按钮，在展开的库中选择当前打开的窗口缩略图。

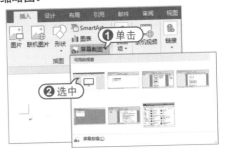

02 此时，将在文档中插入如下图所示的窗口屏幕截图。

2 编辑屏幕截图

　　如果用户正在浏览某个页面，则可以将页面中的部分内容以图片的形式插入

Word文档中。此时需要使用自定义屏幕截图功能来截取所需图片。

01 在【插入】选项卡的【插入】命令组中单击【屏幕截图】按钮，在展开的库中选择【屏幕剪辑】选项。

拖动鼠标选择截图区域

02 在需要截取图片的开始位置按住鼠标左键拖动，拖至合适位置处释放鼠标。

03 此时，即可在文档中插入屏幕截图。

3.2 编辑图片

在文档中插入图片后，经常还需要进行设置才能达到用户的需求，比如调整图片的大小、位置以及图片的文字环绕方式和图片样式等。

3.2.1 改变图片的大小和位置

在文档中插入图片后，用户可以参考以下方法改变图片的大小和位置。

01 选中文档中插入的图片，将指针移动至图片右下角的控制柄上，当指针变成双向箭头形状时按住鼠标左键拖动。

拖动控制柄

02 当图片大小变化为合适的大小后，释放鼠标即可改变图片大小。

03 选中文档中的图片，将鼠标指针放置在图片上方，当指针变为十字箭头时按住鼠标左键拖动。

十字箭头

04 将图片拖动至合适的位置后释放鼠标。此时可以看到文档中图片的位置发生了变化。

3.2.2 裁剪图片

如果只需要插入图片中的某一部分，可以对图片进行裁剪，将不需要的图片部分裁掉，具体操作步骤如下。

01 选择文档中需要裁剪的图片，在【格式】选项卡的【大小】组中单击【裁剪】按钮，在弹出的列表中选择【裁剪】选项。

02 调整图片边缘出现的裁剪控制手柄，拖动需要裁剪边缘的手柄。

03 按下回车键，即可裁剪图片，并显示裁剪后的图片效果。

除此之外，用户还可以利用图形遮罩裁剪文档中的图片，从而制作出特殊形状的图片效果。

【例3-1】利用遮罩将图片裁剪成三角形形状。

视频+素材 (光盘素材\第03章\例3-1)

01 单击需要裁剪的图片，选择【格式】选项卡，在【大小】组中单击【裁剪】按钮，在弹出的列表中选择【裁剪为形状】选项，在弹出的子菜单中选择一种形状。

02 此时，即可将图片剪裁成如下图所示的样式。

3.2.3 设置图/文的位置关系

在默认情况下，在文档中插入图片是以嵌入的方式显示的，用户可以通过设置环绕文字来改变图片与文本的位置关系，具体操作如下。

01 选中文档中的图片，在【格式】选项卡的【排列】命令组中单击【环绕文字】下拉按钮，在弹出的菜单中选择【浮于文字上方】选项，可以设置图片浮于文字上方，将图片拖动至文档任意位置处。

02 单击【环绕文字】按钮，在弹出的菜单中还可以选择其他位置关系，例如选择【四周型】命令，图片在文档中的效果如下图所示。

3.2.4 应用图片样式

Word 2016提供了图片样式，用户可以选择图片样式快速对图片进行设置，操作步骤如下。

01 选择图片，在【格式】选项卡的【图片样式】命令组中单击【其他】按钮，在弹出的下拉列表中选择一种图片样式。

02 此时，图片将应用设置的图片样式，效果如下图所示。

文档中的图片被编辑并设置样式后，如果用户需要将其恢复为原始状态，可以执行以下操作。

01 选中文档中的图片。

02 选择【格式】选项卡，在【调整】命令组中单击【重设图片】按钮，在弹出的列表中选择【重设图片和大小】选项。

3.3 调整图片

在Word 2016中，用户可以快速地设置文档中图片的效果，例如删除图片背景、更改图片亮度和对比度、重新设置图片颜色等。

3.3.1 删除图片背景

如果不需要图片的背景部分，可以使用Word 2016删除图片的背景，具体操作步骤如下。

01 选中文档中插入的图片，在【格式】选项卡的【调整】命令组中单击【删除背景】按钮。

02 在图片中显示保留区域控制柄，拖动手柄调整需要保留的区域。

03 在【优化】命令组中单击【标记要保留的区域】按钮。

04 在图片中单击鼠标标记保留区。

05 按下回车键，可以显示删除背景后的图片效果。

3.3.2 更改图片亮度和对比度

Word 2016为用户提供了设置亮度和对比度功能，用户可以通过预览到的图片效果来进行选择，快速得到所需的图片效果，具体操作如下。

01 选中文档中的图片后，在【格式】选项卡的【调整】组中单击【更正】按钮，在弹出的列表中选择需要的效果。

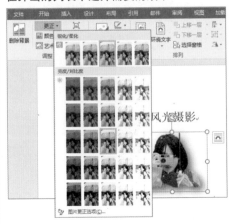

02 此时，图片将发生相应的变化，改变亮度和对比度的效果如下图所示。

3.3.3 重新设置图片颜色

如果用户对图片的颜色不满意，可以对图片颜色进行调整。在Word 2016中，可以快速得到不同的图片颜色效果，具体操作步骤如下。

01 选择文档中的图片，在【格式】选项卡的【调整】命令组中单击【颜色】下拉按钮，在展开的库中选择需要的图片颜色。

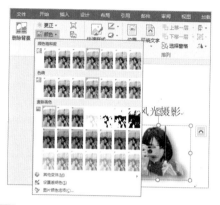

用户可以直接选择所需的艺术效果对图片进行调整，具体操作步骤如下。

01 选中文档中的图片，在【格式】选项卡的【调整】命令组中单击【艺术效果】下拉按钮，在展开的库中选择一种艺术字效果，例如"标记"。

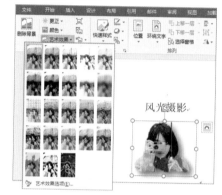

02 此时，图片的颜色已经发生了更改，效果如下图所示。

02 此时，将显示图片的艺术处理效果。

3.3.4 ◀ 为图片设置艺术效果

Word 2016提供多种图片艺术效果，

3.4 应用自选图形和文本框

在编辑图文混排的文稿时，常常需要用到Word中的自选图形和文本框将一些文本内容显示在图片上特定的位置。本节将通过实例操作分别介绍其使用方法。

3.4.1 ◀ 使用自选图形

自选图形是运用现有的图形，如矩形、圆等基本形状绘制出的用户需要的图形样式。

1 绘制自选图形

自选图形包括基本形状、箭头总汇、

标注、流程图等类型，各种类型又包含了多种形状，用户可以选择相应图标绘制所需图形。下面将介绍自选图形的绘制方法。

01 选择【插入】选项卡，单击【插图】命令组中的【形状】按钮，在展开的库中选择一种自选图形(例如矩形)。

02 按住鼠标指针，在文档编辑窗口中拖动鼠标即可绘制如下图所示的图形。

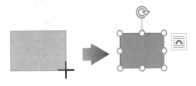

2 设置自选图形格式

在文档中绘制自选图形后，为了使其与文档内容更加协调，用户可以在【格式】选项卡中设置图形的格式。

【例3-2】通过设置图形，制作一个带有文字的铃铛图形。 视频

01 选中文档中的图形，在【格式】选项卡中单击【形状样式】组中的【其他】按钮，在弹出的列表中选择一种样式。

02 此时，图形将自动应用Word预设的样式，效果如下。

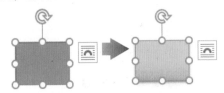

03 单击【形状样式】组中的【形状填充】、【形状轮廓】、【形状效果】按钮，在弹出的列表中可以调整图形样式的填充颜色、轮廓和效果。

04 在【格式】选项卡的【插入形状】组中单击【编辑形状】按钮，在弹出的列表中选择【更改形状】选项，可以在展开的图形库中更改图形的形状。

05 以选择【等腰三角形】图形为例，选择该图形后，图形的形状将被改变。

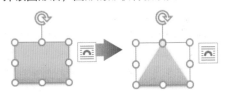

06 在【插入形状】组中单击【编辑形状】按钮，在弹出的列表中选择【编辑顶

点】选项,可以在图形上显示顶点,通过调整顶点的位置,可以编辑图形。

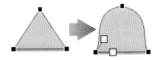

07 按下回车键完成图形的编辑,然后右击图形,在弹出的菜单中选择【添加文字】命令。

08 此时,用户可以在图形上添加文本,效果如下图所示。

3.4.2 使用文本框

常见的文本框有横排文本框和竖排文本框,下面将分别介绍其使用方法。

1 使用横排文本框

横排文本框是用于输入横排方向文本的图形。在特殊情况下,用户无法在目标位置处直接输入需要的内容,此时就可以使用文本框进行插入。

01 选择【插入】选项卡,在【文本】命令组中单击【文本框】下拉按钮,在展开的库中选择【绘制文本框】选项。

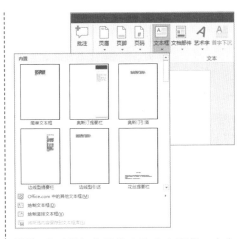

02 此时鼠标指针将变为十字形状,在文档中的目标位置处按住鼠标左键不放并拖动,拖至目标位置处释放鼠标。

03 释放鼠标后即绘制出文本框(默认情况下为无色背景),在其中输入需要的文本框内容即可。

2 使用竖排文本框

用户除了可以在文档中插入横排文本框以外,还可以根据需要使用竖排样式的文本框,以实现特殊的版式效果。

01 选择【插入】选项卡,单击【文本】命令组中的【文本框】按钮,在展开的库中选择【绘制竖排文本框】选项。

02 在文档中的目标位置处按住鼠标左键不放并拖动,拖至目标位置处释放鼠标,绘制一个竖排文本框。

03 在竖排文本框中输入文本内容,可以看到输入的文字以竖排形式显示。

3.5 设置文档背景

为了使文档更加美观，用户可以为文档设置背景，文档的背景包括页面颜色和水印效果。为文档设置页面颜色时，可以使用纯色背景以及渐变、纹理、图案、图片等填充效果；为文档添加水印效果时可以使用文字或图片。

3.5.1 设置页面颜色

为Word文档设置页面颜色，可以使文档变得更加美观。

【例3-3】为本书第2章制作的"求职简历"文档设置页面颜色。

视频+素材 (光盘素材\第03章\例3-3)

01 选择【设计】选项卡，在【页面背景】命令组中单击【页面颜色】下拉按钮，在展开的库中选择一种颜色。

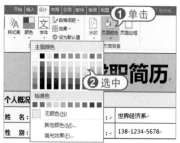

02 此时，文档页面将应用所选择的颜色作为背景进行填充。

03 再次单击【页面颜色】下拉按钮，在展开的库中选择【填充效果】选项，打开【填充效果】对话框。

04 选择【渐变】选项卡，选中【双色】单选按钮，设置【颜色1】和【颜色2】的颜色，在【变形】和【底纹样式】选项区域中选择变形的样式。

05 单击【确定】按钮后，即可为页面应用设置的渐变效果。

在【渐变填充】对话框中，如果需要

设置纹理填充效果，可以选择【纹理】选项卡，选择需要的纹理效果。设置图案、图片填充效果的方法与此类似，分别选择相应的选项卡进行设置即可。

3.5.2 设置文档水印效果

水印是出现在文本下方的文字或图片。如果用户使用图片水印，可以对其进行淡化或冲蚀设置以免图片影响文档中文本的显示。如果用户使用文本水印，则可以从内置短语中选择需要的文字，也可以输入所需的文本。

【例3-4】为宣传文档设置图片底纹。
视频+素材 (光盘素材\第03章\例3-4)

01 选择【设计】选项卡，在【页面背景】命令组中单击【水印】下拉按钮，在展开的库中选择【自定义水印】选项。

02 打开【水印】对话框，选择【图片水印】单选按钮，取消【冲蚀】复选框的选中状态，将【缩放】设置为"130%"，然后单击【选择图片】按钮。

03 打开【插入图片】对话框，单击【来自文件】选项后的【浏览】按钮。

04 打开【插入图片】对话框，选择一个图片文件后，单击【插入】按钮。

05 返回【水印】对话框，单击【确定】按钮，即可为文档设置如下图所示的水印效果。

除此之外，用户还可以参考以下方法，为文档设置文本水印。

01 打开【水印】对话框后，选择【文字水印】单选按钮，单击【文字】下拉按钮，在弹出的列表中选择【传阅】选项，取消【半透明】复选框的选中状态。

02 单击【确定】按钮，文档中文字水印效果如图所示。

3.6 进阶实战

本章的进阶实战部分将应用本章所介绍的知识，使用Word 2016制作一个如下图所示的"入场券"文档，帮助用户通过操作巩固所学的内容。

插入标志图　　　　制作虚线　　　　　　用一张图片作背景

利用文本框制作内容

【例3-5】通过在文档中插入图片和横排文本框，制作一个入场券。
视频+素材 (光盘素材\第03章\例3-5)

01 按下Ctrl+N组合键创建一个空白文档后，选择【插入】选项卡，在【插图】命令组中单击【图片】按钮，在打开的对话框中选择一个图像文件，单击【插入】按钮，在文档中插入一张图片。

02 选择【格式】选项卡，在【大小】命令组中将【形状高度】设置为63.62毫米，将【形状宽度】设置为175毫米。

03 选择文档中的图片，右击鼠标，在弹出的菜单中选择【环绕文字】|【衬于文字下方】命令。

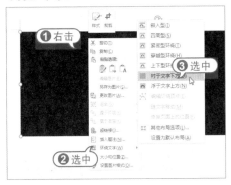

04 选择【插入】选项卡，在【文本】命令组中单击【文本框】按钮，在弹出的菜单中选择【绘制文本框】命令，在图片上绘制一个横排文本框。

05 选择【格式】选项卡，在【形状样式】命令组中单击【形状填充】下拉按钮，在展开的库中选择【无填充颜色】选项。

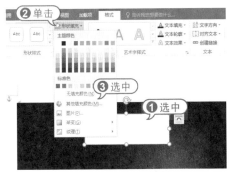

06 在【形状样式】命令组中单击【形状

轮廓】下拉按钮，在展开的库中选择【无形状轮廓】选项。

07 选中文档中的文本框，在【大小】命令组中将【形状高度】设置为16毫米，将【形状宽度】设置为80毫米，设置文本框的大小。

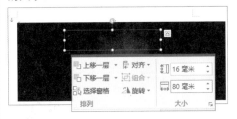

08 选中文本框并在其中输入文本，在【开始】选项卡的【字体】命令组中设置字体为【微软雅黑】，【字号】为【小二】，【字体颜色】为【金色】。

09 重复以上步骤在文档中插入其他文本框，在其中输入文本并设置文本的格式、大小和颜色，完成后的效果如下图所示。

10 选择【插入】选项卡，在【插图】命令组中单击【图片】按钮，在打开的对话框中选择一个图片文件后，单击【插入】按钮，在文档中插入一个图片。

11 右击文档中插入的图片，在弹出的菜单中选择【环绕文字】|【浮于文字上方】命令，调整图片的环绕方式，然后按住鼠标左键拖动，调整图片的位置。

12 在【插入】选项卡的【插图】命令组中单击【形状】下拉按钮，在展开的库中选择【矩形】选项，在文档中绘制如下图所示的矩形图形。

13 选择【格式】选项卡，在【形状样式】命令组中单击【其他】按钮，在展开的库中选择【透明-彩色轮廓-金色】选项。

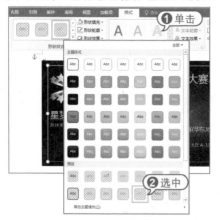

14 在【形状样式】命令组中单击【形

状轮廓】下拉按钮，在弹出的菜单中选择【虚线】|【其他线条】命令，打开【设置形状格式】窗格，设置【短划线类型】为【短划线】，设置【宽度】为【1.75磅】。

15 完成"入场券"的制作后，按住Shift键选中文档中的所有对象，右击鼠标，在弹出的菜单中选择【组合】|【组合】命令。

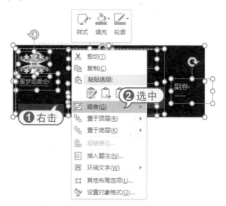

16 按下F12键，打开【另存为】对话框，将文档保存。

3.7 疑点解答

●问：如何在Word 2016中设置组合多张图片？

答：在Word中，若要将多张图片组合在一起，可以在按住Shift键后，选中需要组合的多张图片，然后右击鼠标，在弹出的菜单中选择【组合】|【组合】命令。图片组合后，选择【格式】选项卡，在【图片样式】命令组中可以对组合的图片同时应用边框(需要注意的是，组合图片的环绕方式必须是非嵌入型)。

第4章

Word文档设置与处理

    在Word文档中应用特定样式、模板、页眉页脚、目录、脚注和尾注，不仅可以使文档的内容更加完善，效果更加突出，还能帮助阅读者更快地理解其内容。本章将重点介绍在Word 2016中对文档进行后期设置与处理的方法。

对应光盘视频

4.1 使用模板

对于经常编辑类似风格的文档的用户而言，使用模板是一种非常好的选择，它能有效地提高办公效率。Word 2016虽然提供了模板搜索功能，但这些模板未必符合实际需要，用户可以自行创建并修改模板。

用户在新建一个Word文档时都是源自"模板"。Word 2016内置了很多自带的模板，用户可以在使用时加以选用。

Word 内置模板

文档都是在以模板为样板的基础上衍生的。模板的结构特征直接决定了基于它的文档的基本结构和属性，例如字体、段落、样式、页面设置等。如果编辑一个文档后，在【另存为】对话框中单击【文件类型】下拉按钮，将其另存为dotx格式或者dotm格式，那么模板就生成了。

4.1.1 修改新建文档模板

用户可以制作若干个自定义的模板以备用，但如果希望对默认的新建文档有所要求，如文档页眉中都包含单位名称作为抬头，那么就需要对Normal.dotm模板进行修改。

在资源管理器中，如果双击模板文件(例如Normal.dotm)，就会生成一个基于此模板的新文档，如在模板上右击鼠标，在弹出的菜单中选择【打开】命令，则打开的是模板文件，打开后就可以进行如同一般文档一样的修改和保存等操作。

【例4-1】设置新建文档模板，使按下Ctrl+N组合键后Word自动创建空白"求职简介"文档。
视频+素材 (光盘素材\第04章\例4-1)

01 使用Word创建一个如下图所示的空白"求职简介"文档，并按下Ctrl+A组合键选中文档中的所有内容，再按下Ctrl+C组合键复制所选内容。

02 右击Normal.dotm文件，在弹出的菜单中选择【打开】命令。

03 将鼠标指针插入打开的Normal.dotm文件中，按下Ctrl+V组合键粘贴步骤1复制

的内容。

04 按下Ctrl+S组合键，将Normal.dotm文件保存。此时按下Ctrl+N组合键创建新文档时，将自动创建带表格结构的空白"求职简历"文档。

4.1.2 快速找到Normal.dotm

在Word中，要找到Normal.dotm(模板文件)文件，可以按下列步骤操作。

01 选择【插入】选项卡，在【文本】命令组中单击【文档部件】下拉按钮，在弹出的菜单中选择【域】命令，打开【域】对话框。

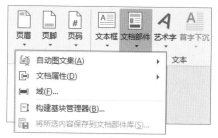

02 在【域名】列表框中选中Template选项，然后选中【添加路径到文件名】复选框，并单击【确定】按钮。

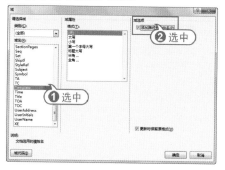

03 单击【确定】按钮，即可在文档中生成Normal.dotm文件的路径，选中该路径中的文件夹部分：

"C:\Users\Administrator\AppData\Roaming\Microsoft\Templates"

右击鼠标，在弹出的菜单中选择【复制】命令，复制该路径。

04 按下Win+E组合键打开资源管理器，将复制的文件夹路径粘贴到地址栏，按下回车键即可在窗口中快速找到Normal.dotm文件。

进阶技巧

如果Word 2016不能启动或启动后生成的文档出现异常等情况，用户可以通过删除Normal.dotm文件解决问题。删除Normal.dotm文件后，重新启动Word 2016软件，这时软件将自动生成一个全新的Normal.dotm模板。

4.1.3 加密模板

在一些对文档安全性较高的场合，用户可能需要每个新建的文档都带有密码(例如打开密码)，要给每次新建的文档加上密码比较繁琐，如果在Word模板中设置密码，则只要是基于这个模板的新模板都具有和模板一样的密码，非常方便。下面以设置添加打开文档密码为例，介绍为模板设置密码的步骤。

01 在Normal.dotm文件上右击鼠标，在弹出的菜单中选择【打开】命令，使模板处于编辑状态。

02 选择【文件】选项卡，在弹出的菜单中选择【信息】命令，在显示的选项区域中单击【保护文档】下拉按钮，在弹出的下拉列表中选择【用密码进行加密】选项。

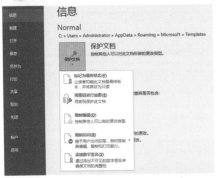

03 打开【加密文档】对话框，在【密码】文本框中输入密码后单击【确定】按钮。

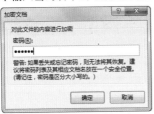

04 在打开的对话框中再次输入一次密码，并单击【确定】按钮即可。

4.1.4 自定义模板库

用户如果经常使用同一个模板，为了便于对模板的管理，可以将其放在"C:\Documents\自定义 Office 模板"文件夹中。

注意将文档保存为模板

若要使用此模板创建一个新文档，可以选择【文件】选项卡，在弹出的菜单中选择【新建】命令，在打开的选项区域中单击【个人】选项，在显示的列表中即可选择自定义模板。

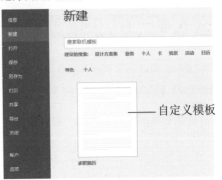

自定义模板

如果将所有的自定义模板都放在如上图所示【个人】列表中，可能在查找、调用时不是很方便。此时，用户可以在"C:\Documents\自定义 Office 模板"文件夹中添加一个文件夹来管理它们，具体操作方法如下。

01 按下Win+E组合键打开【计算机】窗口后，在窗口右侧的窗格中选中【文档】选项，在打开的窗口中双击【自定义 Office 模板】文件夹。

02 打开【自定义 Office 模板】文件夹，在其中创建一个名为"我的Word模板"的文件夹。

03 将创建的自定义模板保存至步骤2创建的"我的模板"文件夹中。

04 新建文档时，在【新建】选项区域中单击【个人】选项，在显示的列表中将显示创建的"我的Word模板"文件夹。

下面将用两个简单的实例，介绍在Word中应用模板创建文档的案例。

【例4-2】使用模板快速制作书法字帖。
▶视频▶

---

01 选择【文件】选项卡，在弹出的菜单中选择【新建】命令，在显示的选项区域中单击【书法字帖】选项。

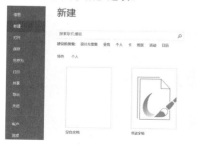

02 打开【增减字符】对话框，选择需要的字体等选项，在【可用字符】列表框中单击选中某个字符或用鼠标批量拖动多个字符，然后单击【添加】按钮，将选取的字符添加到【已用字符】列表中，单击【关闭】按钮。

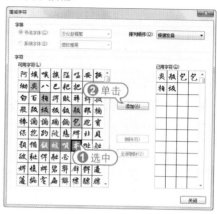

【例4-3】使用联机模板制作日历。 ▶视频▶

---

01 选择【文件】选项卡，在弹出的菜单中选择【新建】命令，在显示的选项区域中输入"日历"后按下回车键。在显示的列表中单击一个【日历】图标，在打开的对话框中单击【创建】按钮。

02 此时，将创建模板预设的日历文档。在该文档中添加一些用户自己的标记，完成后按下F12键，打开【另存为】对话框将文档保存。

4.2 使用样式

编辑大量同类型的文档时，为了提高工作效率，有经验的用户都会制作一份模板，在模板中事先设置好各种文本的样式。以模板为基础创建文档，在编辑时，就可以直接套用预设的样式，而无须逐一设置。

在Word中，样式是指一组已经命名的字符或段落格式。Word自带有一些书刊的标准样式，例如正文、标题、副标题、强调、要点等，每一种样式所对应的文本段落的字体、段落格式等都有所不同。

除了使用Word自带的样式外，用户还可以自定义样式，包括自定义样式的名称，设置对应的字符、段落格式等。

4.2.1 自定义Word样式

尽管Word提供了一整套的默认样式，但编辑文档时可能依然会觉得不太够用。遇到这样的情况时，用户可以参考以下操作，自行创建样式以满足实际需求。

01 选中一段文本，在显示的工具栏中单击【样式】按钮，在弹出的列表中选择【创建样式】命令。

02 打开【根据格式设置创建新样式】对话框，在【名称】文本框中输入当前样式的名称，单击【修改】按钮。

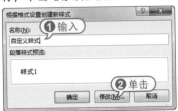

03 在打开的对话框中设置自定义样式的参数，单击【确定】按钮即可创建一个自定义样式。

4.2.2 套用现有样式

编辑文档时，如果之前设置过各类型文本的格式，并为之创建了对应的样式，用户可以参考下列步骤，快速将样式对应的格式套用到当前所编辑的段落。

01 在【开始】选项卡的【样式】命令组中单击按钮，显示【样式】窗格。

02 选中文档中需要套用样式的文本，在

【样式】窗格中单击样式名称(例如"自定义样式"),即可将样式应用在文本上。

击【关闭】按钮即可。

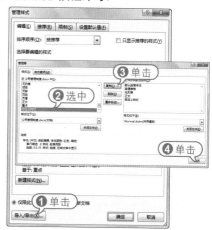

4.2.3 快速传递文档/模板样式

当用户打开一个文档后,如果需要提取该文档中的一个或多个样式到另一个文档中,可以按下列步骤操作。

01 选择【开始】选项卡,单击【样式】组中的 按钮,打开【样式】窗格,然后单击该窗格下方的【管理样式】按钮 。

管理样式

02 打开【管理样式】对话框,单击【导入/导出】按钮,打开【管理器】对话框,在【样式的有效范围】列表框中设置需要提取样式的文档和目标文档,选中一个或多个样式后,单击【复制】按钮,最后单

4.2.4 更新某种样式以匹配内容

如果在制作文档时遇到这种情形:"样式1"有N处文本(或此样式附加了一些格式),想快速变成另外一处"样式2"文本(或此样式还附加了一些格式)的样子,在不必细究这两种样式到底是由哪些格式组成的情况下,只需按下面介绍的方法即可实现快速设定。

01 在【样式】窗口中将鼠标光标定位在"样式2"处,此时【样式】窗格中自动选中的样式为"样式2"。

02 在【样式】窗格中找到"样式1",鼠标移至"样式1"上,单击其边上的三角按钮,在弹出的菜单中选择【更新 样式1】即可匹配所选内容。

4.2.5 实时纵览文档中的样式

有时，用户需要实时查看文档各部位都应用了哪些样式和格式，以便纵览和把握文档总体结构，查看方法如下。

01 选择【视图】选项卡，在【视图】命令组中单击【大纲视图】按钮，切换到大纲视图。

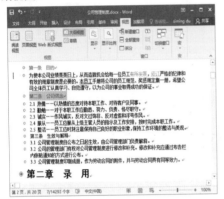

02 单击【文件】选项卡，在弹出的菜单中选择【选项】命令，打开【Word选项】对话框，选择【高级】选项卡，在右侧的【显示】选项区域中将【草稿和大纲视图中的样式区窗格宽度】设置一个值，如"2.5厘米"。

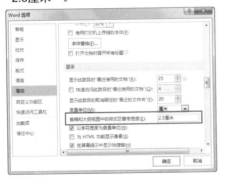

03 单击【确定】按钮，关闭【Word选项】对话框。按下Shift+F1组合键，打开【显示格式】窗格，如果将光标定位到某个段落处，窗格中就会实时显示光标所在段落的格式应用清单，非常直观。

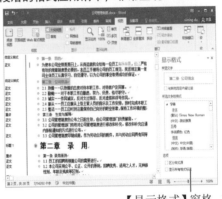

【显示格式】窗格

04 在当前状态下可以直接修改格式，如修改样式中【字体】的类型，即选中需要修改的文字，单击【显示格式】窗格中蓝色字"字体"，在打开的【字体】对话框中进行设置即可。

4.3 使用主题

通过应用文档主题效果，用户可以快速而轻松地设置整个文档的格式，赋予它专业和美观的外观。文档主题是一组格式选项，包括一组主题颜色、一组主题字体。

下面将介绍为文档应用主题的具体操作方法。

01 选择【设计】选项卡，在【文档格式】命令组中单击【主题】下拉按钮，在展开的库中选择一种主题选项。

02 此时，可以看到文档中的内容已经应用了所选的主题效果。

03 在【文档格式】命令组中单击【字体】下拉按钮，在展开的库中可以选择主题字体效果。

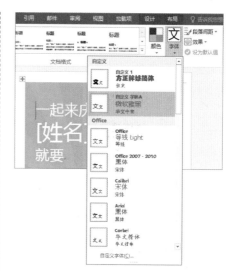

04 在上图所示的库中选择【自定义字体】选项，打开【新建主题字体】对话框，可以新建主题字体，设置标题字体为【微软雅黑】，设置正文字体为【华文新魏】，在【名称】文本框中输入"新风"，然后单击【保存】按钮。

05 单击【文档格式】组中的【字体】下拉按钮，在展开的库中选择【新风】选项。

06 单击【文档格式】命令组中的【其他】按钮 ，在展开的库中选择一种样式集。此时，文档的效果将如下图所示。

使用同样的方法，用户可以自定义主题颜色：在【文档格式】命令组中单击

【颜色】下拉按钮，在展开的库中选择【新建主题颜色】选项，然后在打开的【新建主题颜色】对话框中，可以对主题颜色进行相应的设置。

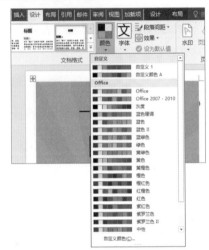

4.4 设置页眉和页脚

在制作文档时，经常需要为文档添加页眉和页脚内容，页眉和页脚显示在文档中每个页面的顶部和底部区域。可以在页眉和页脚中插入文本或图形，也可以显示相应的页码、文档标题或文件名等内容，页眉与页脚中的内容在打印时会显示在页面的顶部和底部区域。

4.4.1 设置静态页眉和页脚

为文档插入静态的页眉和页脚时，插入的页码内容不会随页数的变化而自动改变。因此，静态页面与页脚常用于设置一些固定不变的信息内容。

【例4-4】在"公司管理制度"文档中设置页眉和页脚。

🎬 视频+素材 (光盘素材\第04章\例4-4)

01 选择【插入】选项卡，在【页眉和页脚】命令组中单击【页眉】按钮，在展开的库中选择【净白】选项。

02 进入页眉编辑状态，在页面顶部输入页眉文本。

03 选中步骤2输入的文本，右击鼠标，在弹出的菜单中选择【字体】命令，打开【字体】对话框，设置【中文字体】为【华文楷体】选项，在【字形】列表框中选择【加粗】选项，在【字号】列表框中选择【小三】选项。

04 单击【字体颜色】下拉按钮，在展开的库中选择一种字体颜色，然后单击【确定】按钮。

05 此时，可以看到输入的页眉文本效果如下图所示。

页眉文本

06 按下键盘上的向下方向键，切换至页脚区域中，输入需要的页脚内容。

07 向下拖动Word文档窗口的垂直滚动条，可以查看其他页面中的页脚。此时将会发现静态页脚是不会随着页数的变化而变化。

4.4.2 设置文档动态页码

在制作页脚内容时，如果用户需要显示相应的页码，用户可以运用动态页码来添加自动编号的页码。

【例4-5】为"公司管理制度"文档设置动态页码。

视频+素材 (光盘素材\第04章\例4-5)

01 在【插入】选项卡的【页眉和页脚】命令组中单击【页脚】下拉按钮，在展开的库中选择【空白】选项。

02 进入页脚编辑状态，在【设计】选项卡的【页眉和页脚】命令组中单击【页码】下拉按钮，在弹出的菜单中选择【页眉底端】|【普通数字2】选项。

03 此时可以看到页脚区域显示了页码，并应用了"普通数字2"样式。

页码

04 在【页眉和页脚】命令组中单击【页码】下拉按钮，在弹出的菜单中选择【设置页码格式】命令，打开【页码格式】对话框。

05 单击【编号格式】下拉按钮，在弹出

的下拉列表中选择需要的格式。

06 单击【确定】按钮后，页面中页脚的效果如下图所示。

07 将鼠标指针放置在页脚文本中，可以对页脚内容进行编辑。

08 完成以上设置后，向下拖动窗口滚动条，可以看到每页的页面均不同，随着页数的改变自动发生变化。

4.5 自动生成文档目录

使用Word中的内建样式，用户可以自动生成相应的目录。

下面将介绍通过内建样式自动生成目录的方法。

【例4-6】在"公司管理制度"文档插入目录。
🎬视频+素材 (光盘素材\第04章\例4-6)

01 选择【视图】选项卡，在【显示】

命令组中选中【导航窗格】复选框，显示【导航窗格】窗格。

02 选择【引用】选项卡，在【目录】组

中单击【目录】按钮，在展开的库中选择【自定义目录】选项。

03 打开【目录】对话框，在【目录】选项卡中设置目录的结构，选中【显示页码】复选框，然后单击【选项】按钮。

04 打开【目录选项】对话框，在【目录级别】选项区域中设置级别为3，然后单击【确定】按钮。

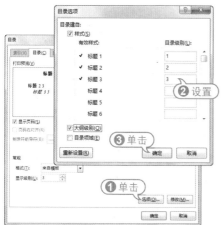

05 返回【目录】对话框，单击【修改】按钮，打开【修改样式】对话框，在【样式】列表框中显示了9个级别的目录名称，

在此选择【目录1】选项，然后单击【修改】按钮。

06 打开【修改样式】对话框，在该对话框中用户可以对目录样式进行设置。例如设置字体为【华文楷体】、字号为【小三】，单击【确定】按钮。

07 返回【样式】对话框，单击【确定】按钮，返回【目录】对话框，再次单击【确定】按钮，即可在文档中自动生成如下图所示的目录。

4.6　添加脚注和尾注

　　脚注和尾注用于对对文档中的文本进行解释、批注或提供相关的参考资料。脚注常用于对文档内容进行注释说明，尾注则常用于说明引用的文献。其不同之处在于所处的位置不同，脚注位于页面的结尾处，而尾注位于文档的结尾处或章节的结尾处。

4.6.1　添加脚注

　　当需要对文档中的内容进行注释说明时，用户可以在相应的位置处添加脚注，具体如下。

【例4-7】在"公司管理制度"文档添加脚注。

视频+素材 (光盘素材\第04章\例4-7)

01 将鼠标指针插入文档中需要插入脚注的位置，选择【引用】选项卡，在【脚注】命令组中单击【插入脚注】按钮。

02 此时，鼠标的插入点将自动定位至当前文档页的底端，并显示默认的标注符号。

03 直接输入脚注内容"详细请参见公司管理制度细则"。

04 此时，可以看到插入脚注的位置处显示了与脚注内容前相同的符号，将指针指向该符号时自动在边缘将显示如下图所示的脚注内容。

05 继续插入脚注。在"第二条 录用条件"文本后插入脚注，输入脚注内容为

"参见公司员工手册第十二条"。

06 将插入点定位在第2条脚注的位置处，在【引用】选项卡的【脚注】命令组中单击【下一条脚注】下拉按钮，在弹出的菜单中选择【上一条脚注】命令。

07 此时鼠标插入点将立即跳转到第1条脚注的位置。

4.6.2　添加尾注

　　当需要说明文档中引用文献或者对关键字词进行说明时，用户可以在文档相应的位置处添加尾注。

【例4-8】在"公司管理制度"文档添加尾注。

视频+素材 (光盘素材\第04章\例4-8)

01 选择文档中的文本"试用期"，在【引用】选项卡的【脚注】命令组中单击【插入尾注】按钮。

02 此时，插入点自动移动到文档的末尾位置处，并显示了默认的尾注符号。

03 鼠标插入点在尾注区域中闪烁，直接输入需要的内容即可为文档添加尾注。

员工试用期为三个月 ——————— 输入脚注

04 将鼠标光标指向尾注符号，即可看到显示的尾注内容。

4.7 进阶实战

　　本章的进阶实战部分将使用Word搜索联机模板创建一个"夏季活动宣传"文档，并通过设置进一步对文档的内容和效果进行调整。通过实例用户不仅可以巩固本章所学的知识，还能够练习处理Word的常用操作。

修改并设置文本格式

设置页面大小

使用模板创建文档

插入符号

【例4-9】创建"夏季活动宣传"文档。
视频+素材 (光盘素材\第04章\例4-9)

01 启动Word 2016创建一个空白文档，选择【文件】选项卡，在弹出的菜单中选择【新建】命令，在显示选项区域的【主页】文本框中输入"活动传单"，然后按下回车键在线搜索可用的Word模板。

02 在显示的搜索结果中单击一个可用的模板，在打开的对话框中单击【创建】按

钮，使用模板创建一个文档。

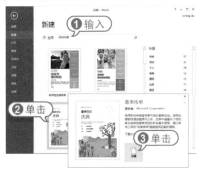

03 选中文档中的背景图片，选择【格式】选项卡，在【大小】组中单击【高级版式：大小】按钮，打开【布局】对话框。

04 选择【大小】选项卡，取消【锁定纵横比】复选框，将【高度】选项区域中的【绝对值】设置为225毫米，然后单击【确定】按钮。

05 完成以上设置后，在文档的空白处单击鼠标。选择【布局】选项卡，在【页面设置】组中单击【纸张大小】按钮，在弹出的列表中选择【其他页面大小】选项。

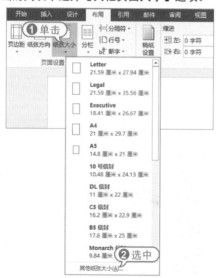

06 打开【页面设置】对话框，将【高

度】设置为【250毫米】，然后单击【确定】按钮，设置文档的高度。

07 在文档中选中文字"敬请参加第10届年度"，将其修改为"20xx年度夏季活动宣传"，然后选中输入的文本，在【开始】选项卡的【字体】命令组中将字体设置为【微软雅黑】，将【字号】设置为【小一】，将【字体颜色】设置为【紫色】。

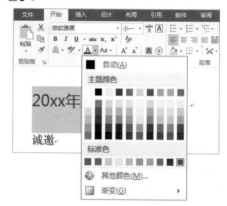

08 选中文档中的文本"春季狂欢"，将其修改为"诚邀"，选择修改后的文本字体为【华文中宋】，将字号设置为"小二"。

09 选中文档中的文本"在此处添加关于活动的简要描述"，将其修改为如下图所

示的活动介绍文本，并设置文本的字体为
【微软雅黑】，设置字号为11。

10 使用同样的方法，设置文档中【地点：】、【日期：】和【时间：】文本，并设置文本字体格式。

11 选中文档中地点、日期和时间文本，在【段落】命令组中单击【项目符号】下拉按钮，在弹出的菜单中选择【定义新项目符号】命令。

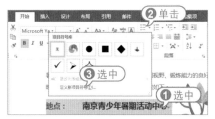

12 打开【定义新项目符号】对话框，单

击【符号】按钮，打开【符号】对话框，选择一种符号类型，单击【确定】按钮。

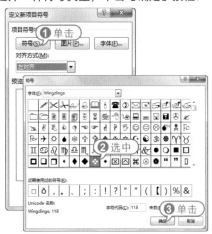

13 此时，将为文档中的字体添加如下图所示的项目符号。

14 将文档中的文本"庆典"修改为"参与"，并设置文本的大小为45。

15 按下F12键打开【另存为】对话框，在该对话框左侧的窗格中选中【文档】选项，然后在显示的窗口中双击打开【自定义Office模板】文件夹，并将【保存类型】

设置为【Word模板(*.dotx)】，将【文件名】设置为"夏季活动宣传"，单击【保存】按钮。

16 完成以上操作后，单击【文件】按钮，在弹出的菜单中选择【新建】选项，在打开的选项区域中单击【个人】选项，在显示的列表中用户可以用保存的"夏季活动宣传"模板创建新的文档。

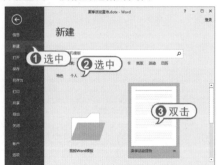

4.8 疑点解答

◆问：如何在Word中使用稿纸向导生成各类稿纸？

答：Word 2016的稿纸功能可以帮助用户快速方便地生成各类稿纸，省去用户重新设计此类文稿的麻烦，具体方法如下。

01 选择【布局】选项卡，在【稿纸】命令组中单击【稿纸设置】按钮，打开【稿纸设置】对话框，单击【格式】下拉按钮，在弹出的下拉列表中选择一个选项，例如选择【方格式稿纸】选项。

02 单击【确定】按钮后，文档的效果如右图所示。

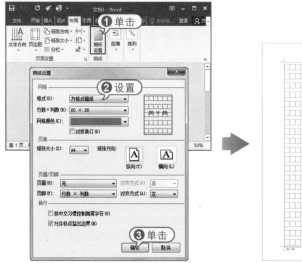

第5章

Excel表格整理与操作

　　Excel是目前最强大的电子表格制作软件之一，具有强大的数据组织计算功能和图表显示功能，在使用Excel处理日常办公数据之前，首先应掌握工作簿与工作表的操作，以及表格数据的输入与整理方法。

对应光盘视频

例4-1 设置Excel自动保存
例4-2 修改工作表名称
例4-3 跨工作表设置单元格
例4-4 表格自动填充数据
例4-5 设置表格数字格式

例4-6 转换文本型数字为数值
例4-7 以不同方式显示数字
例4-8 设置区别显示不同数字
例4-9 以万为单位显示数值
例4-10 制作常用办公表格

5.1 操作工作簿与工作表

从本节开始，我们将开始介绍Office 2016软件中的Excel组件。在应用Excel组件处理办公事务之前，用户应首先掌握Excel工作簿和工作表的基础操作，包括工作簿的创建、保存，工作表的创建、移动、删除等基础知识以及工作表中行、列单元格区域的操作。

Excel 工作簿名称

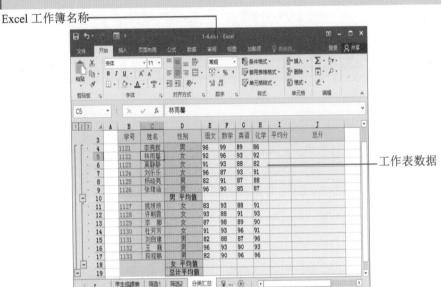

工作表数据

一个工作簿可以包含多个工作表

5.1.1 操作工作簿

工作簿是用户使用Excel进行操作的主要对象和载体。

1 工作簿的类型

在Excel中，用于存储并处理工作数据的文件被称为工作簿。工作簿有多重类型，当保存一个新的工作簿时，可以在【另存为】对话框的【保存类型】下拉列表中选择所需要保存的Excel文件格式。

默认情况下，Excel 2016保存的文件类型为"Excel工作簿(*.xlsx)"，如果用户需要和使用早期版本Excel的用户共享电子表格，或者需要制作包含宏代码的工作簿时，可以通过在【Excel选项】对话框中选

择【保存】选项卡，设置工作簿的默认保存文件格式。

2 设置自动保存工作簿

在Excel中设置使用"自动保存"功

能，可以减少因突发原因造成的数据丢失。

在Excel 2016中，用户可以在【Excel选项】对话框中启用并设置"自动保存"功能。

【例5-1】启动"自动保存"功能，并设置每间15分钟自动保存一次当前工作簿。

🔵 视频 ▶

◀ - - - - - - - -

01 打开【Excel选项】对话框，选择【保存】选项卡，然后选中【保存自动恢复信息时间间隔】复选框(默认被选中)，即可设置启动"自动保存"功能。

02 在【保存自动恢复信息时间间隔】复选框后的文本中输入15，然后单击【确定】按钮即可完成自动保存时间的设置

自动保存的间隔时间在实际使用时遵循以下几条规则：

🔵 只有在工作簿发生新的修改时，自动保存计时才开始启动计时，到达指定的间隔时间后发生保存动作。如果在保存后没有新的修改编辑产生，计时器将不会再次激活，也不会有新的备份副本产生。

🔵 在一个计时周期过程中，如果进行了手动保存操作，计时器将立即清零，直到下一次工作簿发生修改时再次开始激活计时。

利用Excel自动保存功能恢复工作簿的方式根据Excel软件关闭的情况不同而分为两种，一种是用户手动关闭Excel程序之前没有保存文档。

这种情况通常由误操作造成，要恢复

之前所编辑的状态，可以重新打开目标工作簿文档后，在功能区单击【文件】选项卡，在弹出的菜单中选择【信息】选项，窗口右侧会显示工作簿最近一次自动保存的文档副本。

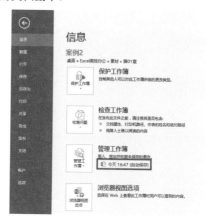

单击上图所示的副本文件即可将其打开，并在编辑栏上方显示提示信息，单击【还原】按钮可以将工作簿恢复到相应的版本。

第二种情况是Excel因发生突发性的断电、程序崩溃等状况而意外退出，导致Excel工作窗口非正常关闭，这种情况下重新启动Excel时会自动显示一个【文档恢复】窗格，提示用户可以选择打开Excel自动保存的文件版本。

3 恢复未保存的工作簿

Excel具有"恢复未保存工作簿"功能，该功能与自动保存功能相关，但在对象和方式上与前面介绍的"自动保存"功能有所区别，具体如下。

01 打开【Excel选项】对话框，选择

【保存】选项卡，选中【如果我没保存就关闭，请保留上次自动保留的版本】复选框，并在【自动恢复文件位置】文本框中输入保存恢复文件的路径。

02 选择【文件】选项卡，在弹出的菜单中选择【打开】命令，在显示的选项区域的右下方单击【恢复未保存的工作簿】按钮。

恢复未保存的工作簿

03 在打开的【打开】对话框中打开步骤1设置的路径后，选择需要恢复的文件，单击【打开】按钮即可恢复未保存的工作簿。

Excel中的"恢复未保存的工作簿"功能仅对从未保存过的新建工作簿或临时文件有效。

4 显示和隐藏工作簿

在Excel中同时打开多个工作簿，Windows系统的任务栏上就会显示所有的工作簿标签。此时，用户若在Excel功能区中选择【视图】选项卡，单击【窗口】命令组中的【切换窗口】下拉按钮，在弹出的下拉列表中可以查看所有被打开的工作簿列表。

如果用户需要隐藏某个已经打开的工作簿，可以在选中该工作簿后，选择【视图】选项卡，在【窗口】组中单击【隐藏】按钮。如果当前打开的所有工作簿都被隐藏，Excel将显示如下图所示的窗口界面。

如果用户需要取消工作簿的隐藏，可以在【视图】选项卡的【窗口】命令组中单击【取消隐藏】按钮，打开【取消隐藏】对话框，选择需要取消隐藏的工作簿名称后，单击【确定】按钮。

执行取消隐藏工作簿操作，一次只能取消一个隐藏的工作簿，不能一次性对多个隐藏的工作簿同时操作。如果用户需要对多个工作簿取消隐藏，可以在执行一次取消隐藏操作后，按下F4键重复执行。

5 转换版本和格式

在Excel 2016中，用户可以参考下面介绍的方法，将早期版本的工作簿文件转换为当前版本，或将当前版本的文件转换为其他格式的文件。

01 选择【文件】选项卡，在弹出的菜单中选择【导出】命令，在显示的选项区域中单击【更改文件类型】按钮。

02 在【更改文件类型】列表框中双击需要转换的文本和文件类型后，打开【另存为】对话框，单击【保存】按钮即可。

5.1.2 操作工作表

Excel工作表包含于工作簿之中，是工作簿的必要组成部分，工作簿总是包含一个或者多个工作表。

1 创建工作表

若工作簿中的工作表数量不够，用户可以在工作簿中创建新的工作表，不仅可以创建空白的工作表，还可以根据模板插入带有样式的新工作表。Excel 2016中常用创建工作表的方法有4种，分别如下。

🔹 在工作表标签栏中单击【新工作表】按钮⊕。

🔹 右击工作表标签，在弹出的菜单中选择【插入】命令，然后在打开的【插入】对话框中选择【工作表】选项，并单击【确定】按钮即可。此外，在【插入】对话框的【电子表格方案】选项卡中，还可以设置要插入工作表的样式。

🔹 按下Shift+F11键，则会在当前工作表前插入一个新工作表。

🔹 在【开始】选项卡的【单元格】选项组中单击【插入】下拉按钮，在弹出的下拉列表中选择【插入工作表】命令。

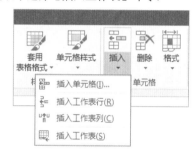

2 选取当前工作表

在实际工作中，由于一个工作簿中往往包含多个工作表，因此操作前需要选取工作表。选取工作表的常用操作包括以下4种：

🔹 选定一张工作表，直接单击该工作表的标签即可。

🔹 选定相邻的工作表，首先选定第一张工作表标签，然后按住Shift键不松并单击其他相邻工作表的标签即可。

选中连续的工作表

⬢ 选定不相邻的工作表，首先选定第一张工作表，然后按住Ctrl键不松并单击其他任意一张工作表标签即可。

选中不连续的工作表

⬢ 选定工作簿中的所有工作表，右击任意一个工作表标签，在弹出的菜单中选择【选定全部工作表】命令即可。

3 移动和复制工作表

通过复制操作，工作表可以在另一个工作簿或者不同的工作簿创建副本，工作表还可以通过移动操作，在同一个工作簿中改变排列顺序，也可以在不同的工作簿之间转移。

在Excel中用户可以使用以下两种方法，打开【移动或复制】对话框对工作簿执行复制和移动操作。

⬢ 右击工作表标签，在弹出的菜单中选择【移动或复制工作表】命令。

⬢ 选中需要进行移动或复制的工作表，在Excel功能区选择【开始】选项卡，在【单元格】命令组中单击【格式】拆分按钮，在弹出的菜单中选择【移动或复制工作表】命令。

在上图所示的【移动或复制工作表】对话框中，【工作簿】下拉列表中可以选择【复制】或【移动】的目标工作簿。用户可以选择当前Excel软件中所有打开的工作簿或新建工作簿，默认为当前工作簿。下面的列表框中显示了指定工作簿中所包含的全部工作表，可以选择【复制】或【移动】工作表的目标排列位置。

在【移动或复制工作表】对话框中，选中【建立副本】复选框，则为【复制】方式，取消该复选框的选中状态，则为【移动】方式。

在复制和移动工作表的过程中，如果当前工作表与目标工作簿中的工作表名称相同，则会被自动重新命名，例如Sheet1将会被命名为Sheet1(2)。

除此之外，用户还可以通过拖动实现工作表的复制与移动，方法如下。

01 将鼠标光标移动至需要移动的工作表标签上，接下来单击鼠标，鼠标指针显示出文档的图标，此时可以拖动鼠标将当前工作表移动至其他位置。

02 拖动一个工作表标签至另一个工作表标签的上方时，被拖动的工作表标签前将出现黑色三角箭头图标，以此标识了工作

表的移动插入位置，此时如果释放鼠标即可移动工作表。

03 如果按住鼠标左键的同时，按住Ctrl键则执行【复制】操作，此时鼠标指针下将显示的文档图标上还会出现一个"+"号，以此来表示当前操作方式为【复制】。

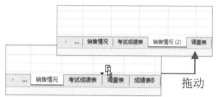

拖动

如果当前Excel工作窗口中显示了多个工作簿，拖动工作表标签的操作也可以在不同工作簿中进行。

4 删除工作表

对工作表进行编辑操作时，可以删除一些多余的工作表。这样不仅可以方便用户对工作表进行管理，也可以节省系统资源。在Excel 2016中删除工作表的常用方法如下：

● 在工作簿中选定要删除的工作表，在【开始】选项卡的【单元格】命令组中单击【删除】下拉按钮，在弹出的下拉列表中选择【删除工作表】命令即可。

● 右击要删除的工作表的标签，在弹出的快捷菜单中选择【删除】命令，即可删除该工作表。

5 重命名工作表

在Excel中，工作表的默认名称为Sheet1、Sheet2……。为了便于记忆与使用工作表，可以重新命名工作表。在Excel 2016中右击要重新命名工作表的标签，在弹出的快捷菜单中选择【重命名】命令，即可为该工作表自定义名称。

【例5-2】将"家庭支出统计表"工作簿中的工作表次命名为"春季"、"夏季"、"秋季"与"冬季"。 🎬 视频

01 新建一个名为"家庭支出统计表"的工作簿后，在工作表标签栏中连续单击3次【新工作表】按钮 ⊕，创建Sheet2、Sheet3和Sheet4等3个工作表。

02 在工作表标签中通过单击，选定Sheet1工作表，然后右击鼠标，在弹出的菜单中选择【重命名】命令。

03 输入工作表名称"春季"，按Enter键即可完成重命名工作表的操作。

04 重复以上操作，将Sheet2工作表重命名为"夏季"，将Sheet3工作表重命名为"秋季"，将Sheet4工作表重命名为"冬季"。

6 设置工作表颜色标签

在工作中，可以通过设置工作表标签

颜色，将不同内容的工作表区分开，方法如下。

01 右击工作表标签，在弹出的菜单中选择【工作表标签颜色】命令。

02 在弹出的子菜单中选择一种颜色，即可为工作表标签设置颜色。

7　显示和隐藏工作表

在工作中，用户可以使用以下两种方法，将工作簿中的某些工作表隐藏。

选择【开始】选项卡，在【单元格】命令组中单击【格式】拆分按钮，在弹出的菜单中选择【隐藏和取消隐藏】|【隐藏工作表】命令。

右击工作表标签，在弹出的菜单中选择【隐藏】命令。

工作表被隐藏后，若用户需要取消其隐藏状态，可以参考以下几种方法。

选择【开始】选项卡，在【单元格】组中单击【格式】按钮，在弹出的列表中选择【隐藏和取消隐藏】|【取消隐藏工作表】选项，在打开的【取消隐藏】对话框中选择需要取消隐藏的工作表后，单击【确定】按钮。

在工作表标签上右击鼠标，在弹出的菜单中选择【取消隐藏】命令，然后在打开的【取消隐藏】对话框中选择需要取消隐藏的工作表，并单击【确定】按钮。

在Excel中设置取消隐藏工作操作时，应注意以下几点：

Excel无法一次性对多张工作表取消隐藏。

如果没有隐藏的工作表，则右击工作表标签后，【取消隐藏】命令为灰色不可用状态。

工作表的隐藏操作不会改变工作表的排列顺序。

5.2　操作行、列及单元格区域

在掌握了工作簿与工作表的操作之后，我们就可以进一步使用工作表中的各种元素(行、列、单元格及区域)整理各类办公文件了。Excel作为一款电子表格软件，其最基本的操作形态是标准的表格——由横线和竖线组成的格子。在工作表中，由横线隔出的区域被称为行(Row)，而被竖线分隔出的区域被称为"列"(Column)。行与列相互交叉形成了一个个的格子被称为"单元格"(Cell)，如下图所示。

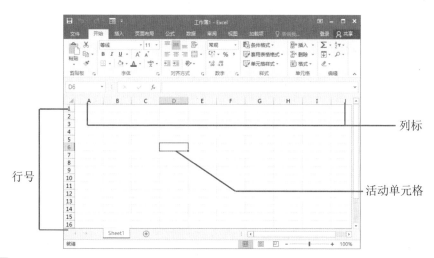

行号

列标

活动单元格

1 行与列的概念

在Excel窗口中，一组垂直的灰色阿拉伯数字标识了电子表格的行号；而另一组水平的灰色标签中的英文字母，则标识了电子表格的列标，这两组标签在Excel中分别被称为"行号"和"列标"。

在Excel工作表区域中，用于划分不同行列的横线和竖线被称为"网格线"。它们可以使用户更加方便地辨别行、列及单元格的位置，在默认情况下，网格线不会随着表格数据的内容被打印出来。用户可以设置关闭网格线的显示或者更改网格线的颜色，以适应不同工作环境的需求。

2 行与列的范围

在Excel 2016中，工作表的最大行号为1,048,576(即1,048,576行)，最大列表为XFD列(A~Z、AA~XFD，即16,384列)、在一张空白工作表中，选中任意单元格，在键盘上按下Ctrl+向下方向键。就可以迅速定位到选定单元格所在列向下连续非空的最后一行(若整列为空或选择单元格所在列下方均为空，则定位到当前列的

1,048,576行)；按下Ctrl+向右方向键，则可以迅速定位到选定单元格所在行向右连续非空的最后一列(若整行为空或者选择单元格所在行右方均为空，则定位到当前行的XFD列)；按下Ctrl+Home键，可以到达表格定位的左上角单元格，按下Ctrl+End键，可以到达表格定义的右下角单元格。

5.2.1 操作行与列

下面将详细介绍Excel 2016中与行列相关的各项操作方法。

1 选择行与列

鼠标单击某个行号或者列标签即可选中相应的整行或者整列。当选中某行后，此行的行号标签会改变颜色，所有的列标签会加亮显示，此行的所有单元格也会加亮显示，以此来表示此行当前处于选中状态。相应地，当列被选中时也会有类似的显示效果。

除此之外，使用快捷键也可以快速地选定单行或者单列，操作方法如下：鼠标

选中单元格后，按下Shift+空格键，即可选定单元格所在的行；按下Ctrl+空格键，即可选定单元格所在的列。

在Excel中用鼠标单击某行(或某列)的标签后，按住鼠标不放，向上或者向下拖动，即可选中与该相邻的连续多行。选中多列的方法与此相似(鼠标向左或者向右拖动)。拖动鼠标时，行或列标签旁会出现一个带数字和字母内容的提示框，显示当前选中的区域中有多少列。

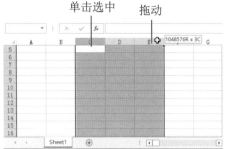

选定某行后按下Ctrl+Shift+向下方向键，如果选定行中活动单元格以下的行都不存在非空单元格，则将同时选定该行到工作表中的最后可见行。同样，选定某列后按下Ctrl+Shift+向右方向键，如果选定列中活动单元格右侧的列中不存在非空单元格，则将同时选定该列到工作表中的最后可见列。使用相反的方向键则可以选中相反方向的所有行或列。

另外，单击行列标签交叉处的【全选】按钮 (或按下Ctrl+A组合键)，可以同时选中工作表中的所有行和所有列，即选中整个工作表区域。

要选定不相邻的多行可以通过如下操作实现。选中单行后，按下Ctrl键不放，继续使用鼠标单击多个行标签，直至选择完所有需要选择的行，然后松开Ctrl键，即可完成不相邻的多行的选择。如果要选定不相邻的多列，方法与此相似。

2 设置行高和列宽

在Excel 2016中，用户可以参考下面介绍的步骤精确设定行高和列宽。

01 选中需要设置的行高，选择【开始】选项卡，在【单元格】命令组中单击【格式】拆分按钮，在弹出的菜单中选择【行高】选项。

02 打开【行高】对话框，输入所需设定的行高数值，单击【确定】按钮。

03 设置列宽的方法与设置行高的方法类似。

除了上面介绍的方法以外，用户还可以在选中行或列后，右击鼠标，在弹出的菜单中选择【行高】(或者【列宽】)命令，设置行高或列宽。

用户可以直接在工作表中通过拖动鼠标的方式来设置选中行的行高和列宽，方法如下。

01 选中单列或多列后，将鼠标指针放置在选中的列与相邻列的列标签之间。

02 按住鼠标左键不放，向左侧或者右侧拖动鼠标，此时在列标签上方将显示一个提示框，显示当前的列宽。

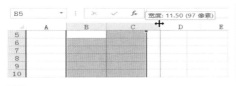

03 当调整到所需列宽时，释放鼠标左键即可完成列宽的设置(设置行高的方法与以上操作类似)。

如果某个表格中设置了多种行高或列宽，或者该表格中的内容长短不齐，会使表格的显示效果较差，影响数据的可读性，例如下图所示。

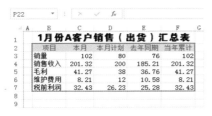

此时，用户可以在Excel中执行以下操作，调整表格的行高与列宽至最佳状态。

01 选中表格中需要调整行高的行，在【开始】选项卡的【单元格】命令组中单击【格式】拆分按钮，在弹出的菜单中选择【自动调整行高】选项。

02 选中表格中需要调整列宽的列，单击【格式】拆分按钮，在弹出的菜单中选择【自动调整列宽】选项，调整选中表格的列宽，完成后表格的行高与列宽的调整效果如下图所示。

除了上面介绍的方法以外，还有一种更加快捷的方法可以用来快速调整表格的行高和列宽：同时选中需要调整列宽(或行高)的多列(多行)，将鼠标指针放置在列(或行)的中线上，此时，鼠标箭头显示为一个黑色双向的图形，双击鼠标即可完成设置"自动调整列宽"的操作。

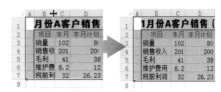

在【开始】选项卡的【单元格】组中单击【格式】按钮，在弹出的列表中选择【默认列宽】选项，可以在打开的【标准列宽】对话框中，一次性修改当前工作表的所有单元格的默认列宽。但是该命令对已经设置过列宽的列无效，也不会影响其他工作表以及新建的工作表或工作簿。

3 插入行与列

我们有时需要在表格中增加一些条目内容，并且这些内容不是添加在现有表格内容的末尾，而是插入到现有表格的中间，这时就需要在表格中插入行或者插入列。

选中表格中的某行，或者选中行中的某个单元格，然后执行以下操作可以在行之前插入新行：

👉 选择【开始】选项卡，在【单元格】命令组中单击【插入】拆分按钮，在弹出的菜单中选择【插入工作表行】命令。

👉 选中并右击某行，在弹出的菜单中选择【插入】命令。

● 选中并右击某个单元格，在弹出的菜单中选择【插入】命令，打开【插入】对话框，选中【整行】单选按钮，然后单击【确定】按钮。

● 在键盘上按下Ctrl+Shift+=键，打开【插入】对话框，选中【整行】单选按钮，并单击【确定】按钮。

插入列的方法与插入行的方法类似，同样也可以通过列表、右键快捷菜单和键盘快捷键等几种方法操作。

另外，如果用户在执行插入行或列操作之前，选中连续的多行(或多列)，在执行"插入"操作后，会在选定位置之前插入与选定行、列相同数量的多行或多列。

4 移动和复制行与列

用户有时需要在Excel中改变表格行列内容的放置位置与顺序，这时可以使用"移动"行或者列的操作来实现。

实现移动行列的基本操作方法是通过【开始】选项卡中的菜单来实现的。

01 选中需要移动的行(或列)，在【开始】选项卡的【剪贴板】命令组中单击【剪切】按钮 ✂ ，也可以在右键菜单中选择【剪切】命令，或者按下Ctrl+X键。此时，当前被选中的行将显示虚线边框。

02 选中需要移动的目标位置行的下一行，在【单元格】命令组中单击【插入】

拆分按钮，在弹出的菜单中选择【插入剪切的单元格】命令，也可以在右键菜单中选择【插入剪切的单元格】命令，或者按下Ctrl+V组合键即可完成移动行操作。

完成移动操作后，需要移动的行的次序调整到目标位置之前，而此行的原有位置则被自动清除。如果用户在步骤1中选定连续的多行，则移动行的操作也可以同时对连续多行执行。非连续的多行无法同时执行剪切操作。移动列的操作方法与移动行的方法类似。

相比使用菜单方式移动行或列，直接使用鼠标拖动的方式可以更加直接方便地移动行或列，具体方法如下。

01 选中需要移动的行，将鼠标移动至选定行的黑色边框上，当鼠标指针显示为黑色十字箭头图标时，按住鼠标左键，并在键盘上按下Shift键不放。

指针放在选定行的边框上

02 拖动鼠标，将显示一条工字型虚线，显示移动行的目标插入位置。

03 拖动鼠标直到工字型虚线位于需要移动的目标位置，释放鼠标即可完成选定行的移动操作。

鼠标拖动实现移动列的操作与此类似。如果选定连续多行或者多列，同样可以拖动鼠标执行同时移动多行或者多列目标到指定的位置。但是无法对选定的非连续多行或者多列同时执行拖动移动操作。

复制行列与移动行列的操作方式十分相似，具体方法如下。

01 选中需要复制的行，在【开始】选项卡的【剪贴板】命令组中单击【复制】按钮，或者按下Ctrl+C键。此时当前选定的行会显示出虚线边框。

02 选定需要复制的目标位置行的下一行，在【单元格】命令组中单击【插入】拆分按钮，在弹出的菜单中选择【插入复制的单元格】命令，也可以在右键菜单中选择【插入复制的单元格】命令，即可完成复制行插入至目标位置的操作。

使用拖动鼠标方式复制行的方法与移动行的方法类似，具体操作有以下两种：

❦ 选定数据行后，按下Ctrl键不放的同时拖动鼠标，鼠标指针旁显示"+"号图标，目标位置出现如下图所示的虚线框，表示复制的数据将覆盖原来区域中的数据。

❦ 选定数据行后，按下Ctrl+Shift键同时拖动鼠标，鼠标旁显示"+"号图标，目标位置出现工字型虚线，表示复制的数据将插入在虚线所示位置，此时释放鼠标即可完成复制并插入行操作。

通过鼠标拖动实现复制列的操作方法与以上方法类似。用户在Excel 2016中可以同时对连续多行多列进行复制操作，无法对选定的非连续多行或者多列执行拖动操作。

5 删除行与列

对于一些不再需要的行列内容，用户可以选择删除整行或者整列进行清除。删除行的具体操作方法如下。

01 选定目标整行或者多行，选择【开始】选项卡，在【单元格】命令组中单击【删除】拆分按钮，在弹出的菜单中选择【删除工作表行】命令，或者右击鼠标，在弹出的菜单中选择【删除】命令。

02 如果选择的目标不是整行，而是行中的一部分单元格，Excel将打开如下图所示的【删除】对话框，在对话框中选择【整行】单选按钮，然后单击【确定】按钮即可完整目标行的删除。

03 删除列的操作与删除行的方法类似。

6 隐藏行与列

在实际工作中，用户有时出于方便浏览数据的需要，希望隐藏表格中的一部分内容，如隐藏工作表中的某些行或列。

选定目标行(单行或者多行)整行或者行中的单元格后，在【开始】对话框的【单元格】命令组中单击【格式】拆分按钮，在弹出的列表中选择【隐藏和取消隐

藏】|【隐藏行】选项，即可完成目标行的隐藏。

隐藏列的操作与此类似，选定目标列后，在【开始】选项卡的【单元格】命令组中单击【格式】按钮，在弹出的列表中选择【隐藏和取消隐藏】|【隐藏列】选项。

如果选定的对象是整行或者整列，也可以通过右击鼠标，在弹出的菜单中选择【隐藏】命令，来实现隐藏行列的操作。

在隐藏行列之后，包含隐藏行列处的行号或者列标标签不再显示连续序号，隐藏处的标签分隔线也会显得比其他的分割线更粗，如下图所示。

隐藏行处不显示连续序号

通过这些特征，用户可以发现表格中隐藏行列的位置。要把被隐藏的行列取消隐藏，重新恢复显示，可以使用以下一些操作方法。

🔘 使用【取消隐藏】命令取消隐藏：在工作表中，选定包含隐藏行的区域，例如选中上图中的A2：A4单元格区域，在【开始】选项卡的【单元格】命令组中单击【格式】拆分按钮，在弹出的菜单中选

择【隐藏和取消隐藏】|【取消隐藏行】命令，即可将其中隐藏的行恢复显示。按下Ctrl+Shift+9组合键，可以代替菜单操作，实现取消隐藏的操作。

🔘 使用设置行高列宽的方法取消隐藏：通过将行高列宽设置为0，可以将选定的行列隐藏，反过来，通过将行高列宽设置为大于0的值，则可以将隐藏的行列设置为可见，达到取消隐藏的效果。

🔘 使用【自动调整行高(列宽)】命令取消行列的隐藏：选定包含隐藏行的区域后，在【开始】选项卡的【单元格】命令组中单击【格式】拆分按钮，在弹出的菜单中选择【自动调整行高】命令(或【自动调整列宽】命令)，即可将隐藏的行(或列)重新显示。

通过设置行高或者列宽值的方法，达到取消列的隐藏，将会改变原有行列的行高或者列宽，而通过菜单取消隐藏的方法，则会保持原有行高和列宽值。

5.2.2 操作单元格和区域

在了解行列的概念和基本操作之后，用户可以进一步学习Excel表格中单元格和单元格区域的操作，这是工作表中最基础的构成元素。

1 单元格的概念

行和列相互交叉形成一个个的格子被称为"单元格"，单元格是构成工作表最基础的组成元素，众多的单元格组成了一个完整的工作表。在Excel中，默认每个工作表中所包含的单元格数量共有17,179,869,184个。

每个单元格都可以通过单元格地址进行标识，单元格地址由它所在列的列标和所在行的行号所组成，其形式通常为"字母+数字"的形式。例如A1单元格就是位于A列第1行的单元格。

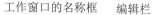

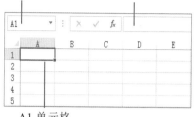

工作窗口的名称框　编辑栏

A1 单元格

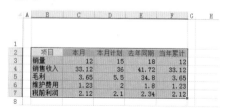

① 单击
② 选中

用户可以在单元格中输入和编辑数据，单元格中可以保存的数据包括数值、文本和公式等，除此以外，用户还可以为单元格添加批注以及设置各种格式。

在当前的工作表中，无论用户是否曾经用鼠标单击过工作表区域，都存在一个被激活的活动单元格，例如上图中的A1单元格，该单元格即为当前被激活(被选定)的活动单元格。活动单元格的边框显示为黑色矩形边框，在Excel工作窗口的名称框中将显示当前活动单元格的地址，在编辑栏中则会显示活动单元格中的内容。

要选取某个单元格为活动单元格，用户只需要使用鼠标或者键盘按键等方式激活目标单元格即可。使用鼠标直接单击目标单元格，可以将目标单元格切换为当前活动单元格，使用键盘方向键及Page UP、Page Down等按键，也可以在工作中移动选取活动单元格。

除了以上方法以外，在工作窗口中的名称框中直接输入目标单元格的地址也可以快速定位到目标单元格所在的位置，同时激活目标单元格为当前活动单元格。与该操作效果相似的是使用【定位】的方法在表格中选中具体的单元格，方法如下。

01 在【开始】选项卡的【编辑】命令组中单击【查找和选择】下拉按钮，在弹出的下拉列表中选择【转到】命令。

02 打开【定位】对话框，在【引用位置】文本框中输入目标单元格的地址，然后单击【确定】按钮即可。

对于一些位于隐藏行或列中的单元格，无法通过鼠标或者键盘激活，只能通过名称框直接输入地址选取和上例介绍的定位方法来选中。

2 区域的概念

单元格"区域"的概念是单元格概念的延伸，多个单元格所构成的单元格群组被称为"区域"。构成区域的多个单元格之间可以是相互连续的，它们所构成的区域就是连续区域，连续区域的形状一般为矩形；多个单元格之间可以是相互独立不连续的，它们所构成的区域就成为不连续区域。对于连续区域，可以使用矩形区域左上角和右下角的单元格地址进行标识，形式上为"左上角单元格地址：右下角单元格地址"，如下图所示的B2：F7单元格"区域"。

上图所示的单元格区域包含了从B2单元格到F7单元格的矩形区域，矩形区域宽度为5列，高度为6行，总共30个连续单元格。

3 直接选取区域

在Excel工作表中选取区域后，可以对区域内所包含的所有单元格同时执行相关命令操作，如输入数据、复制、粘贴、删除、设置单元格格式等。选取目标区域后，在其中总是包含了一个活动单元格。工作窗口名称框显示的是当前活动单元格的地址，编辑栏所显示的也是当前活动单元格中的内容。

活动单元格与区域中的其他单元格显示风格不同，区域中所包含的其他单元格会加亮显示，而当前活动单元格还是保持正常显示，以此来标识活动单元格的位置。

活动单元格

选定一个单元格区域后，区域中包含的单元格所在的行列标签也会显示出不同的颜色，如上图中的B~F列和2~7行标签所示。

要在表格中选中连续的单元格，可以使用以下几种方法：

● 选定一个单元格，按住鼠标左键直接在工作表中拖动来选取相邻的连续区域。

● 选定一个单元格，按下Shift键，然后使用方向键在工作表中选择相邻的连续区域。

● 选定一个单元格，按下F8键，进入"扩展"模式，此时再用鼠标单击一个单元格时，则会选中该单元格与前面选中单元格之间所构成的连续区域，如下图所示。完成后再次按下F8键，则可以取消"扩展"模式。

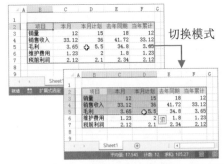

切换模式

● 在工作窗口的名称框中直接输入区域地址，例如B2：F7，按下回车键确认后，即可选取并定位到目标区域。此方法可适用于选取隐藏行列中所包含的区域。

● 在【开始】选项卡的【编辑】命令组中单击【查找和选择】下拉按钮，在弹出的下拉列表中选择【转到】命令，或者在键盘上按下F5键，在打开的【定位】对话框的【引用位置】文本框中输入目标区域地址，单击【确定】按钮即可选取并定位到目标区域。该方法可以适应于选取隐藏行列中所包含的区域。

● 选取连续的区域时，鼠标或者键盘第一个选定的单元格就是选定区域中的活动单元格；如果使用名称框或者定位窗口选定区域，则所选区域的左上角单元格就是选定区域中的活动单元格。

在表格中选择不连续单元格区域的方法，与选择连续单元格区域的方法类似，具体如下。

● 选定一个单元格，按下Ctrl键，然后使用鼠标左键单击或者拖拉选择多个单元格或者连续区域，鼠标最后一次单击的单元格，或者最后一次拖拉开始之前选定的单元格就是选定区域的活动单元格。

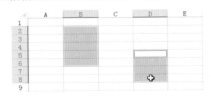

按下Shift+F8组合键，可以进入"添加"模式，与上面按Ctrl键的作用相同。进入添加模式后，再用鼠标选取的单元格或者单元格区域会添加到之前的选取当中。

在工作表窗口的名称框中输入多个单元格或者区域地址，地址之间用半角状态下的逗号隔开，例如"A1,B4,F7,H3"，按下回车键确认后即可选取并定位到目标区域。在这种状态下，最后输入的一个连续区域的左上角或者最后输入的单元格为区域中的活动单元格(该方法适用于选取隐藏行列中所包含的区域)。

打开【定位】对话框，在【引用位置】文本框中输入多个地址，也可以选取不连续的单元格区域。

除了可以在一张工作表中选取某个二维区域以外，用户还可以在Excel中同时在多张工作表上选取三维的多表区域。

【例5-3】在当前工作簿的Sheet1、Sheet2、Sheet3工作表中分别设置B3：D6单元格区域的背景颜色(任意)。 视频

01 在Sheet1工作表中选中B3：D6区域，按住Shift键，单击Sheet3工作表标签，再释放Shift键，此时Sheet1~Sheet3单元格的B3：D6单元格区域构成了一个三维的多表区域，并进入多表区域的工作编辑模式，在工作窗口的标题栏上显示出"[工作组]"字样。

02 在【开始】选项卡的【字体】命令中单击【填充颜色】拆分按钮，在弹出的颜色选择器中选择一种颜色即可。

03 此时，切换Sheet1、Sheet2、Sheet3工作表，可以看到每个工作表的B3：D6区域单元格背景颜色均被统一填充了颜色。

4 通过名称选取区域

在实际日常办公中，如果以区域地址来进行标识和描述有时会显得非常复杂，特别是对于非连续区域，需要以多个地址来进行标识。Excel中提供了一种名为【定义名称】的功能，用户可以给单元格和区域命名，以特定的名称来标识不同的区域，使得区域的选取和使用更加直观和方便，具体方法如下。

01 在工作表中选中一个单元格区域(不连续)，然后在工作窗口的名称框中输入【区域1】，然后按下回车键，即可选定相应区域。

02 单击名称框下拉按钮，在弹出的下拉列表中选择【区域1】选项，即可选择存在于当前工作簿中的区域名称。

区域名称

5.3 输入与编辑数据

正确合理地输入和编辑数据，对于报表数据采集和后续的处理与分析具有非常重要的作用。用户掌握了科学的方法并运用一定的技巧后，可以使数据的输入与编辑变得简单。

5.3.1 Excel数据的类型

在工作表中输入和编辑数据是用户使用Excel时最基础的操作之一。工作表中的数据都保存在单元格内，单元格内可以输入和保存数据，包括数值、日期、文本和公式4种基本类型。除此以外，还有逻辑型、错误值等一些特殊的数值类型。

1 数值

数值指的是所代表数量的数字形式，例如企业的销售额、利润等。数值可以是正数，也可以是负数，但是都可以用于进行数值计算，例如加、减、求和、求平均值等。除了普通的数字以外，还有一些使用特殊符号的数字也被Excel理解为数值，例如百分号"%"、货币符号"￥"，千分间隔符","以及科学计数符号"E"等。

2 日期和时间

在Excel中，日期和时间是以一种特殊的数值形式存储的，这种数值形式被称为"序列值"，在早期的版本中也被称为"系列值"。序列值是介于一个大于等于0，小于2,958,466的数值区间的数值，因此，日期型数据实际上是一个包括在数值数据范畴中的数值区间。日期系统的序列值是一个整数数值，一天的数值单位就是1，那么1小时就可以表示为1/24天，1分钟就可以表示为1/(24x60)天等，一天中的每一个时刻都可以由小数形式的序列值来表示。例如中午12:00:00的序列值为0.5(一天的一半)，12:05:00的序列值近似为0.503472。

3 文本

文本通常指的是一些非数值型文字、符号等，例如企业的部门名称、员工的考核科目、产品的名称等。除此之外，许多不代表数量的、不需要进行数值计算的数字也可以保存为文本形式，例如电话号码、身份证号码、股票代码等。所以，文本并没有严格意义上的概念。事实上，Excel将许多不能理解为数值(包括日期时间)和公式的数据都视为文本。文本不能用于数值计算，但可以比较大小。

4 逻辑值

逻辑值是一种特殊的参数，它只有TRUE(真)和FALSE(假)两种类型。例如在公式：=IF(A3=0,"0",A2/A3)中，"A3=0"就是一个可以返回TRUE(真)或FLASE(假)两种结果参数。当"A3=0"为TRUE时，在公式返回结果为"0"，否则返回"A2/A3"的计算结果。逻辑值之间进行四则运算，可以认为TRUE=1，FLASE=0。

5 错误值

经常使用Excel的用户可能都会遇到一些错误信息，例如"#N/A!"、"#VALUE!"等，出现这些错误的原因有很多种，如果公式不能计算正确结果，Excel将显示一个错误值。例如，在需要数字的公式中使用文本、删除了被公式引用的单元格等。

6 公式

公式是Excel中一种非常重要的数据，Excel作为一种电子数据表格，其许多强大的计算功能都是通过公式来实现的。公式通常都是以"="号开头，它的内容可以是简单的数学公式，例如：=16*62*2600/60-12。

5.3.2 在单元格中输入数据

要在单元格内输入数值和文本类型的数据，用户可以在选中目标单元格后，直接向单元格内输入数据。数据输入结束后按下Enter键或者使用鼠标单击其他单元格都可以确认完成输入。要在输入过程中取消本次输入的内容，则可以按下Esc键退出输入状态。

当用户输入数据时，Excel工作窗口底部状态栏的左侧显示"输入"字样。

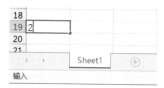

输入

编辑栏的左边出现两个新的按钮，分别是 × 和 ✓。如果用户单击 ✓ 按钮，可以对当前输入的内容进行确认，如果单击 × 按钮，则表示取消输入。

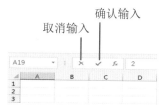

虽然单击 ✓ 按钮和按下Enter键同样都可以对输入内容进行确认，但两者的效果并不完全相同。当用户按下Enter键确认输入后，Excel会自动将下一个单元格激活为活动单元格，这为需要连续数据输入的用户提供了便利。而当用户单击 ✓ 按钮确认输入后，Excel不会改变当前选中的活动单元格。

5.3.3 编辑单元格中的内容

对于已经存放数据的单元格，用户可以在激活目标单元格后，重新输入新的内容来替换原有数据。但是，如果用户只想对其中的部分内容进行编辑修改，则可以激活单元格进入编辑模式。有以下几种方法可以进入单元格编辑模式。

🌑 双击单元格，在单元格中的原有内容后会出现竖线光标显示，提示当前进入编辑模式，光标所在的位置为数据插入位置。在内容中不同位置单击鼠标或者右击鼠标，可以移动鼠标光标插入点的位置。用户可以在单元格中直接对其内容进行编辑修改。

🌑 激活目标单元格后按下F2快捷键，进入编辑单元格模式。

🌑 激活目标单元格，然后单击Excel编辑栏内部。这样可以将竖线光标定位在编辑栏中，激活编辑栏的编辑模式。用户可以在编辑栏中对单元格原有的内容进行编辑修改。对于数据内容较多的编辑修改，特别是对公式的修改，建议用户使用编辑栏的编辑方式。

进入单元格的编辑模式后，工作窗口底部状态栏的左侧会出现"编辑"字样。

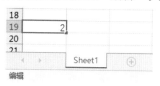

编辑

用户可以在键盘上按下Insert键切换"插入"或者"改写"模式。

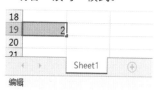

编辑

用户也可以使用鼠标或者键盘选取单元格中的部分内容进行复制和粘贴操作。

另外，按下Home键可以将鼠标光标定位到单元格内容的开头，按下End键则可以将光标插入点定位到单元格内容的末尾。在编辑修改完成后，按下Enter键或者使用 ✓ 按钮同样可以对编辑的内容进行确认输入。

编辑

如果在单元格中输入的是一个错误的

数据，用户可以再次输入正确的数据覆盖它，也可以单击【撤销】按钮↩或者按下Ctrl+Z键撤销本次输入。

用户单击一次【撤销】按钮↩，只能撤销一步操作，如果需要撤销多步操作，用户可以多次单击【撤销】按钮↩，或者单击该按钮旁的▼下拉按钮，在弹出的下拉列表中选择需要撤销返回的具体操作。

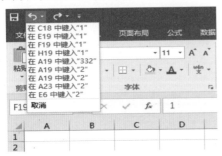

5.3.4 为单元格添加批注

除了可以在单元格中输入数据内容以外，用户还可以为单元格添加批注。通过批注，用户可以对单元格的内容添加一些注释或者说明，方便自己或者其他人更好地理解单元格中内容的含义。

在Excel中为单元格添加批注的方法有以下几种。

● 选中单元格，选择【审阅】选项卡，在【批注】命令组中单击【新建批注】按钮，批注效果如下图所示。

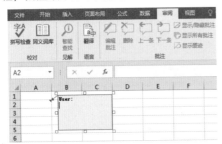

● 右击单元格，在弹出的菜单中选择【插入批注】命令。

● 选中单元格后，按下Shift+F2键。

在单元格中插入批注后，在目标单元格的右上方将出现红色的三角形符号，该符号为批注标识符，表示当前单元格包含批注。右侧的矩形文本框通过引导箭头与红色标识符相连，此矩形文本框即为批注内容的显示区域，用户可以在此输入文本内容作为当前单元格的批注。批注内容会默认以加粗字体的用户名称开头，标识了添加此批注的作者。此用户名默认为当前Excel用户名，实际使用时，用户名也可以根据自己的需要更改为方便识别的名称。

完成批注内容的输入后，用鼠标单击其他单元格即可表示完成添加批注的操作，此时批注内容呈现隐藏状态，只显示出红色标识符。当用户将鼠标移动至包括标识符的目标单元格上时，批注内容会自动显示出来。用户也可以在包含批注的单元格上右击鼠标，在弹出的菜单中选择【显示/隐藏批注】命令使得批注内容取消隐藏状态，固定显示在表格上方。或者在Excel功能区上选择【审阅】选项卡，在【批注】命令组中单击【显示/隐藏批注】切换按钮，切换批注的"显示"和"隐藏"状态。

除了上面介绍的方法以外，用户还可以通过单击【审阅】选项卡【批注】命令组中的【显示所有批注】切换按钮，切换所有批注的"显示"或"隐藏"状态。

如果用户需要对单元格中的批注内容进行编辑修改，可以使用以下几种方法。

● 选中包含批注的单元格，选择【审阅】选项卡，在【批注】命令组中单击【编辑批注】按钮。

● 右击包含批注的单元格，在弹出的菜单

中选择【编辑批注】命令。

● 选中包含批注的单元格，按下Shift+F2键。

当单元格创建批注或批注处于编辑状态时，将鼠标指针移动至批注矩形框的边框上方时，鼠标指针会显示为黑色双箭头或者黑色十字箭头图标。当出现黑色双箭头时，可以用鼠标拖动来改变批注的大小。

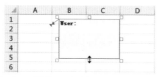

当出现黑色十字箭头图标时，可以通过鼠标拖动来移动批注的位置。

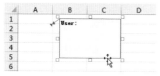

要删除一个已有的批注，可以在选中包含批注的单元格后，右击鼠标，在弹出的菜单中选择【删除批注】命令，或者在【审阅】选项卡的【批注】命令组中单击【删除批注】按钮。

如果用户需要一次性删除当前工作表中的所有批注，具体操作方法如下。

01 选择【开始】选项卡，在【编辑】命令组中单击【查找和选择】下拉按钮，在弹出的下拉列表中选择【转到】命令，或者按下F5键，打开【定位】对话框。

02 在【定位】对话框中单击【定位条件】按钮，打开【定位条件】对话框，选择【批注】单选按钮，然后单击【确定】按钮。

03 选择【审阅】选项卡，在【批注】命令组中单击【删除】按钮即可。

此外，用户还可以参考以下操作，快速删除某个区域中的所有批注。

01 选择需要删除批注的单元格区域。

02 选择【开始】选项卡，在【编辑】命令组中单击【清除】下拉按钮，在弹出的下拉列表中选择【清除批注】命令。

5.3.5　删除单元格中的内容

对于表格中不再需要的单元格内容，如果需要将其删除，可以先选中目标单元格(或单元格区域)，然后按下Delete键，将单元格中所包含的数据删除。但是这样的操作并不会影响单元格中的格式、批注等内容。要彻底地删除单元格中的内容，可以在选中目标单元格(或单元格区域)后，在【开始】选项卡的【编辑】命令组中单击【清除】下拉按钮，在弹出的下拉列表中选择相应的命令。

● 全部清除：清除单元格中的所有内容，包括数据、格式、批注等。

● 清除格式：只清除单元格中的格式，保留其他内容。

● 清除内容：只清除单元格中的数据，包括文本、数值、公式等，保留其他。

● 清除批注：只清除单元格中附加的批注。

● 清除超链接：在单元格中弹出如下图所示的按钮，单击该按钮，用户在弹出的下拉列表中可以选择【仅清除超链接】或者【清除超链接和格式】选项。

● 删除超链接：清除单元格中的超链接和格式。

5.4 使用填充与序列

除了通常的数据输入方式以外，如果数据本身包括某些顺序上的关联特性，用户还可以使用Excel所提供的填充功能快速地批量录入数据。

5.4.1 使用自动填充

当用户需要在工作表连续输入某些"顺序"数据时，例如星期一、星期二、……，甲、乙、丙、……等，可以利用Excel的自动填充功能实现快速输入。

应先确保"单元格拖放"功能启用。打开【Excel选项】对话框，选择【高级】选项卡，然后在对话框右侧的选项区域中选中【使用填充柄和单元格拖放功能】复选框即可。

【例5-4】使用自动填充连续输入1~10的数字，连续输入甲、乙、丙等10个天干。

🎬 视频 ▶

01 在A1单元格中输入"1"，在A2单元格中输入"2"。

02 选中A1：A2单元格区域，将鼠标移动至区域中的黑色边框右下角，当鼠标指针显示为黑色加号时，按住鼠标左键向下拖动，直到A10单元格时释放鼠标。

03 在B1单元格中输入"甲"，选中B1单元格将鼠标移动至填充柄处，当鼠标指针显示为黑色加号时，双击鼠标左键即可。

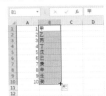

除了拖动填充柄执行自动填充操作以外，双击填充柄也可以完成自动填充操作。当数据的目标区域的相邻单元格存在数据时(中间没有单元格)，双击填充柄的操作可以代替拖动填充柄的操作。例如在【例5-4】中，与B1：B10相邻的A1：A10中都存在数据，可以采用填充柄操作。

5.4.2 使用序列

在Excel中可以实现自动填充的"顺序"数据被称为序列。在前几个单元格内输入序列中的元素，就可以为Excel提供识别序列的内容及顺序信息，Excel在使用自动填充功能时，自动按照序列中的元素、间隔顺序来依次填充。

用户可以在【Excel选项】对话框中查看可以自动填充包括哪些序列。

上图所示的【自定义序列】对话框左侧的列表中显示了当前Excel中可以被识别的序列(所有的数值型、日期型数据都是可以被自动填充的序列，不再显示于列表中)，用户也可以在右侧的【输入序列】文本框中手动添加新的数据序列作为自定义系列，或者引用表格中已经存在的数据列表作为自定义序列进行导入。

Excel中自动填充的使用方式相当灵活，用户并非必须从序列中的一个元素开始自动填充，而是可以始于序列中的任何一个元素。当填充的数据达到序列尾部时，下一个填充数据会自动取序列开头的元素，循环地继续填充。例如在如下图所示的表格中，显示了从"六月"开始自动填充多个单元格的结果。

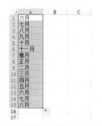

除了对自动填充的起始元素没有要求

之外，填充时序列中元素的顺序间隔也没有严格限制。

当只在一个单元格中输入序列元素时(除了纯数值数据以外)，自动填充功能默认以连续顺序的方式进行填充。而当用户在第一、第二个单元格内输入具有一定间隔的序列元素时，Excel会自动按照间隔的规律来选择元素进行填充，例如在如下图所示的表格中，显示了从六月、九月开始自动填充多个单元格的结果。

需要注意的是，如果用户提供的初始信息缺乏线性的规律，不符合序列元素的基本排列顺序，则Excel不能识别为序列，此时使用填充功能并不能使填充区域出现序列内的其他元素，而只是单纯实现复制功能效果。

5.4.3 设置填充选项

自动填充完成后，填充区域的右下角将显示【填充选项】按钮，将鼠标指针移动至该按钮上并单击，在弹出的菜单中可显示更多的填充选项。

在上图所示的菜单中，用户可以为填充选择不同的方式，如【仅填充格式】、

【不带格式填充】、【快速填充】等，甚至可以将填充方式改为复制，使数据不再按照序列顺序递增，而是与最初的单元格保持一致。填充选项按钮下拉菜单中的选项内容取决于所填充的数据类型。例如下图所示的填充目标数据是日期型数据，则在菜单中显示了更多日期有关的选项，例如【以月填充】、【以年填充】等。

除了使用填充选项按钮可以选择更多填充方式以外，用户还可以从右键菜单中选择如上图所示的菜单命令，具体方法是：右击并拖动填充柄，在达到目标单元格时释放右键，此时将弹出一个快捷菜单，该菜单中显示了与上图类似的填充选项。

5.4.4 应用填充菜单

除了可以通过拖动或者双击填充柄的方式进行自动填充以外，使用Excel功能区中的填充命令，也可以在连续单元格中批量输入定义为序列的数据内容。

01 选择【开始】选项卡，在【编辑】组中单击【填充】按钮，在弹出的列表中选择【系列】选项。

02 在打开的【序列】对话框中，用户可以选择序列填充的方向为【行】或者【列】，也可以根据需要填充的序列数据类型，选择不同的填充方式。

1 文本型数据序列

对于包含文本型数据的序列，例如内置的序列"甲、乙、丙、……葵"，在【序列】对话框中实际可用的填充类型只有【自动填充】，具体操作方法如下。

01 在单元格中输入需要填充的序列元素，例如"甲"。

02 选中输入序列元素的单元格以及相邻的目标填充区域。

03 选择【开始】选项卡，在【编辑】命令组中单击【系列】下拉按钮，在弹出的下拉列表中选择【序列】命令，打开【序列】对话框，在【类型】区域中选择【自动填充】选项，单击【确定】按钮。

04 此时，单元格区域的填充效果如下。

上面所示的填充方式与使用填充柄的

自动填充方式十分相似，用户也可以在前两个单元格中输入具有一定间隔的序列元素，使用相同的操作方式填充出具有相同间隔的连续单元格区域。

2 数值型数据序列

对于数值型数据，用户可以采用以下两种填充类型。

● 等差序列：使数值数据按照固定的差值间隔依次填充，需要在【步长值】文本框内输入此固定差值。

● 等比序列：使数值数据按照固定的比例间隔依次填充，需要在【步长值】文本框内输入此固定比例值。

对于数值型数据，用户还可以在【序列】对话框的【终止值】文本框内输入填充的最终目标数据，以确定填充单元格区域的范围。在输入终止值的情况下，用户不需要预先选取填充目标区域即可完成填充操作。

除了用户手动设置数据变化规律以外，Excel还具有自动测算数据变化趋势的能力。当用户提供连续两个以上单元格数据时，选定这些数据单元格和目标填充区域，然后选中【序列】对话框内的【预测趋势】复选框，并且选择数据填充类型(等比或者等差序列)，单击【确定】按钮即可使Excel自动测算数据变化趋势并且进行填充操作。例如，如下图中1、3、9，选择等比方式进行预测趋势填充效果。

3 日期型数据序列

对于日期型数据，Excel会自动选中

【序列】对话框中的【日期】类型，同时右侧【日期单位】选项区域中的选项将高亮显示，用户可以对其进一步设置。

● 【日】：填充时以天数作为日期数据递增变化的单位。

● 【工作日】：填充时同样以天数作为日期数据递增变化的单位，但是其中不包含周末以及定义过的节假日。

● 【月】：填充时以月份作为日期数据递增变化的单位。

● 【年】：填充时以年份作为日期数据递增变化的单位。

选中以上任意选项后，需要在【序列】对话框的【步长值】文本框中输入日期组成部分递增变化的间隔值。此外，用户还可以在【终止值】文本框中输入填充的最终目标日期，以确定填充单元格区域的反复。以下图为例，显示了2030年1月20日为初始日期，在【序列】对话框中选择按【月】变化，【步长值】为3。

执行设置后，填充效果如下图所示。

日期型数据也可以使用等差序列和等比序列的填充方式，但是当填充的数值超过Excel的日期范围时，单元格中填充的数据无法正常显示，此时将显示一串"#"号。

5.5 设置数据的数字格式

Excel提供多种对数据进行格式化的功能，除了对齐、字体、字号、边框等常用的格式化功能以外，更重要的是其"数字格式"功能，该功能可以根据数据的意义和表达需求来调整显示外观，完成匹配展示的效果。例如，在下图中，通过对数据进行格式化设置，可以明显地提高数据的可读性。

	A	B	C
1	原始数据	格式化后的显示	格式类型
2	42856	2017年5月1日	日期
3	-1610128	-1,610,128	数值
4	0.531243122	12:44:59 PM	时间
5	0.05421	5.42%	百分比
6	0.8312	5/6	分数
7	7321231.12	¥7,321,231.12	货币
8	876543	捌拾柒万陆仟伍佰肆拾叁	特殊-中文大写数字
9	3.213102124	000° 00' 03.2"	自定义（经纬度）
10	4008207821	400-820-7821	自定义（电话号码）
11	2113032103	TEL:2113032103	自定义（电话号码）
12	188	1米88	自定义（身高）
13	381110	38.1万	自定义（以万为单位）
14	三	第三生产线	自定义（部门）
15	右对齐	右对齐	自定义（靠右对齐）
16			

Excel内置的数字格式大部分适用于数值型数据，因此称之为"数字"格式。但数字格式并非数值数据专用，文本型的数据同样也可以被格式化。用户可以通过创建自定义格式，为文本型数据提供各种格式化的效果。对单元格中的数据应用格式，可以使用以下几种方法。

🖱 选择【开始】选项卡，在【数字】命令组中使用相应的按钮。

数字格式

🖱 打开【单元格格式】对话框，选择【数字】选项卡。

🖱 使用快捷键应用数字格式。

另外在Excel【开始】选项卡的【数字】命令组中，【数字格式】文本框中会显示活动单元格的数字格式类型。单击该文本框后的按钮▼，在弹出的列表中可以选择Excel中常用的12种数字格式，例如：

🖱 【会计专用格式】：在数值开头添加货币符号，并为数值添加千位分隔符，数值显示两位小数。

🖱 【百分比样式】：以百分数形式显示数值。

🖱 【千位分隔符样式】：使用千位分隔符分隔数值，显示两位小数。

🖱 【增加小数位数】：在原数值小数位数

的基础上增加一位小数位。

🔹【减少小数位数】：在原数值小数位数的基础上减少一位小数位。

🔹【常规】：未经特别指定的格式，为Excel的默认数字格式。

🔹【长日期与短日期】：以不同的样式显示日期。

5.5.1 使用快捷键应用数字格式

通过键盘快捷键也可以快速地对目标单元格和单元格区域设定数字格式，具体如下。

🔹 Ctrl+Shift+~键：设置为常规格式，即不带格式。

🔹 Ctrl+Shift+%键：设置为百分数格式，无小数部分。

🔹 Ctrl+Shift+^键：设置为科学计数法格式，包含两位小数。

🔹 Ctrl+Shift+#键：设置为短日期格式。

🔹 Ctrl+Shift+@键：设置为时间格式，包含小时和分钟显示。

🔹 Ctrl+Shift+!键：设置为千位分隔符显示格式，不带小数。

5.5.2 使用对话框应用数字格式

若用户希望在更多的内置数字格式中进行选择，可以通过【单元格格式】对话框中的【数字】选项卡来进行数字格式设置。选中包含数据的单元格或区域后，有以下几种等效方式可以打开【单元格格式】对话框。

🔹右击鼠标，在弹出的菜单中选择【设置单元格格式】命令。

🔹在【开始】选项卡的【数字】命令组中单击【对话框启动器】按钮 ⛶。

🔹在【数字】命令组的【格式】下拉列表中单击【其他数字格式】选项。

🔹按下Ctrl+1组合键。

打开【单元格格式】对话框后，选择【数字】选项卡。

在【数字】选项卡中的【分类】列表中显示了Excel内置的12类数字格式，除了【常规】和【文本】外，其他每一种格式类型中都包含了更多的可选择样式或选项。在【分类】列表中选择一种格式类型后，对话框右侧就会显示相应的选项区域，并根据用户所做的选择将预览效果显示在"示例"区域中。

【例5-5】将表格中的数值设置为人民币格式(显示两位小数，负数显示为带括号的红色字体)。🎬视频

01 选中A1:B5单元格区域，按下Ctrl+1键，打开【单元格格式】对话框。

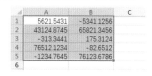

02 在【分类】列表框中选择【货币】选项，在对话框右侧的【小数位数】微调框中设置数值为【2】，在【货币符号】下拉

列表中选择【¥】，最后在【负数】下拉列表中选择带括号的红色字体样式。

03 单击【确定】按钮后，单元格的显示效果如下图所示。

在【单元格格式】对话框中各类数字格式的详细说明如下。

● 常规：数据的默认格式，即未进行任何特殊设置的格式。

● 数值：可以设置小数位数、选择是否添加千位分隔符，负数可以设置特殊样式(包

括显示负号、显示括号、红色字体等几种格式)。

● 货币：可以设置小数位数、货币符号。负数可以设置特殊样式(包括显示负号、显示括号、红色字体等几种样式)。数字显示自动包含千位分隔符。

● 会计专用：可以设置小数位数、货币符号，数字显示自动包含千位分隔符。与货币格式不同的是，本格式将货币符号置于单元格最左侧进行显示。

● 日期：可以选择多种日期显示模式，其中包括同时显示日期和时间的模式。

● 时间：可以选择多种时间显示模式。

● 百分比：可以选择小数位数。数字以百分数形式显示。

● 分数：可以设置多种分数，包括显示一位数分母、两位数分母等。

● 科学记数：以包含指数符号(E)的科学记数形式显示数字，可以设置显示的小数位数。

● 文本：将数值作为文本处理。

● 特殊：包含了几种以系统区域设置为基础的特殊格式。在区域设置为"中文(中国)"的情况下，包括3种允许用户自定义格式，其中Excel已经内置了部分自定义格式，内置的自定义格式不可删除。

5.6 处理文本型数字

"文本型数字"是Excel中的一种比较特殊的数据类型，它的数据内容是数值，但作为文本类型进行存储，具有和文本类型数据相同的特征。

5.6.1 设置【文本】数字格式

"文本"格式是特殊的数字格式，它的作用是设置单元格数据为"文本"。在实际应用中，这一数字格式并不总是会如字面含义那样可以让数据在"文本"和"数值"之间进行转换。

如果用户先将空白单元格设置为文本格式，然后输入数值，Excel会将其存储为

"文本型数字"。"文本型数字"自动左对齐显示，在单元格的左上角显示绿色三角形符号。

绿色三角符号

	A	B	C
1	123		
2			
3			

如果先在空白单元格中输入数值，然后再设置为文本格式，数值虽然也自动左对齐显示，但Excel仍将其视作数值型数据。

对于单元格中的"文本型数字"，无论修改其数字格式为"文本"之外的哪一种格式，Excel仍然视其为"文本"类型的数据，直到重新输入数据才会变为数值型数据。

5.6.2 转换文本型数据为数值型

"文本型数字"所在单元格的左上角显示绿色三角形符号，此符号为Excel"错误检查"功能的标识符，它用于标识单元格可能存在某些错误或需要注意的特点。选中此类单元格，会在单元格一侧出现【错误检查选项】按钮，单击该按钮右侧的下拉按钮会显示如下图所示的菜单。

在如上图所示的下拉菜单中的【以文本形式存储的数字】命令，显示了当前单元格的数据状态。此时如果选择【转换为数字】命令，单元格中的数据将会转换为数值型。

如果用户需要保留这些数据为【文本型数字】类型，而又不需要显示绿色三角符号的显示，可以在如上图所示的菜单中选择【忽略错误】命令，关闭此单元格的【错误检查】功能。

如果用户需要将"文本型数字"转换为数值，对于单个单元格，可以借助错误检查功能提供的菜单命令。而对于多个单元格，则可以参考下面介绍的方法进行转换。

【例5-6】将工作表中的文本型数字转换为数值。 视频

01 打开工作表，选中工作表中的一个空白单元格，按下Ctrl+C键。

02 选中 A1：B5单元格区域，右击鼠标，在弹出的菜单中选择【选择性粘贴】命令，在弹出的【选择性粘贴】子菜单中选择【选择性粘贴】命令。

03 打开【选择性粘贴】对话框，选中【加】单选按钮，然后单击【确定】按钮即可将A1：B5单元格区域转换为数值。

5.6.3 转换数值型数据为文本型

如果要将工作表中的数值型数据转换为文本型数字，可以先将单元格设置为【文本】格式，然后双击单元格或按下F2键激活单元格的编辑模式，最后按下Enter键即可。但是此方法只对单个单元格起作用。如果要同时将多个单元格的数值转换

为文本类型，且这些单元格在同一列，可以参考以下方法进行操作。

01 选中位于同一列的包含数值型数据的单元格区域，选择【数据】选项卡，在【数据工具】命令组中单击【分列】按钮。

02 打开【文本分列向导-第1步】对话框，连续单击【下一步】按钮。

03 打开【文本分列向导-第3步】对话框，选中【文本】单选按钮。然后单击【完成】按钮即可。

5.7 自定义数字格式

在【单元格格式】对话框的【数字】选项卡中，【自定义】类型包括了更多用于各种情况的数字格式，并且允许用户创建新的数字格式。此类型的数字格式都使用代码方式保存。

在【单元格格式】对话框的【数字】选项卡的【分类】列表中选择【自定义】类型，在对话框右侧将显示现有的数字格式代码。

要创建新的自定义数字格式，用户可以在【数字】选项卡右侧的【类型】列表框中输入新的数字格式代码，也可以选择现有的格式代码，然后在【类型】列表框中进行编辑。输入与编辑完成后，可以从【示例】区域显示格式代码对应的数据显示效果，按下Enter键或单击【确定】按钮即可确认。

如果用户编写的格式代码符合Excel的规则要求，即可成功创建新的自定义格式，并应用于当前所选定的单元格区域

中。否则，Excel会打开对话框提示错误。

用户创建的自定义格式仅保存在当前工作簿中。如果用户要将自定义的数字格式应用于其他工作簿，除了将格式代码复制到目标工作簿的自定义格式列表中以外，将包含此格式的单元格直接复制到目标工作簿也是一种非常方便的方式。

5.7.1 以不同方式显示分段数字

通过数字格式的设置，使用户直接能够从数据的显示方式上轻松判断数值的正负、大小等信息。此类数字格式可以通过对不同的格式区段设置不同的显示方式以及设置区段条件来达到效果。

【例5-7】设置数字格式为正数正常显示、负数红色显示带负号、零值不显示、文本显示为"ERR!"。 ⏵视频▸

01 打开如下图所示的工作表，选中A1：B5单元格区域，打开【设置单元格格式】对话框，选择【自定义】选项，在【类型】文本框中输入：

G/ 通用格式 ;[红色]-G/ 通用格式 ;;"ERR!"

	A	B	C
1	5621.5431	-5341.1256	
2	43124.8745	65821.3456	
3	ERR!	175.3124	
4	76512.1234	文本	
5	-1234.7645	76123.6786	
6			

02 单击【确定】按钮后，自定义数字格式的效果如下图所示。

	A	B	C
1	5621.5431	-5341.1256	
2	43124.8745	65821.3456	
3		175.3124	
4	76512.1234	ERR!	
5	-1234.7645	76123.6786	
6			

- ▶

【例5-8】设置数字格式为：小于1的数字以两位小数的百分数显示，其他情况以普通的两位小数数字显示，并且以小数点位置对齐数字。 ◉视频▶

◀- -

01 打开如下图所示的工作表，选中A1：B5单元格区域，打开【设置单元格格式】对话框，选择【自定义】选项，在【类型】文本框中输入：

[<1]0.00%；#.00_%

	A	B	C
1	1	5.3	
2	0.2	12.7	
3	4.6	0.13	
4	0.67	1.46	
5	3	8.31	
6			

02 单击【确定】按钮后，自定义数字格式的效果如下图所示。

	A	B	C
1	1.00	5.30	
2	20.00%	12.70	
3	4.60	13.00%	
4	67.00%	1.46	
5	3.00	8.31	
6			

5.7.2 以不同数值单位显示数值

所谓"数值单位"指的是"十、百、千、万、十万、百万"等十进制数字单位。在大多数英语国家中，习惯以"千(Thousand)"和"百万(Milion)"作为数值单位，千位分隔符就是其中的一种表现形式。而在中文环境中，常以"万"和"亿(即万万)"作为数值单位。通过设置自定义数字格式，可以方便地使数值以不同的单位来显示。

- ▶

【例5-9】设置以万为单位显示数值。 ◉视频▶

◀- -

01 打开如下图所示的工作表，依次选中A1：A4单元格，打开【设置单元格格式】对话框，选择【自定义】选项，在【类型】文本框中分别输入：

```
0!.0,
0" 万 "0,
0!.0," 万 "
0!.0000" 万元 "
```

	A	B	C
1	528315		
2	17631		
3	883131		
4	183133		
5			
6			

02 自定义数字格式的效果如下图所示。

	A	B	C
1	52.8		
2	1万8		
3	88.3万		
4	18.3133万元		
5			
6			

5.7.3 以不同方式显示分数

用户可以使用以下一些格式代码显示分数值。

◉ 常见的分数形式，与内置的分数格式相同，包含整数部分和分数部分。

?/?

● 以中文字符"又"替代整数部分与分数部分之间的连接符，符合中文的分数读法。

```
#" 又 "?/?
```

● 以运算符号"+"替代整数部分与分数部分之间的连接符，符合分数的实际数学含义。

```
#"+"?/?
```

● 以假分数的形式显示分数。

```
?/?
```

● 分数部分以"20"为分母显示。

```
# ?/20
```

● 分数部分以"50"为分母显示。

```
# ?/50
```

5.7.4 以多种方式显示日期时间

用户可以使用以下一些格式代码显示日期数据。

● 以中文"年月日"以及"星期"来显示日期，符合中文使用习惯。

```
yyyy" 年 "m" 月 "d" 日 "aaaa
```

● 以中文小写数字形式来显示日期中的数值。

```
[DBNum1]yyyy" 年 "m" 月 "d" 日 "aaaa
```

● 符合英语国家习惯的日期及星期显示方式。

```
d-mmm-yy,dddd
```

● 以"."号分隔符间隔的日期显示，符合某些人的使用习惯。

```
![yyyy!]![mm!]i[dd!]
```

或

```
"["yyyy"]["mm"]["dd"]"
```

● 仅显示星期几，前面加上文本前缀，适合于某些动态日历的文字化显示。

```
" 今天 "aaaa
```

用户可以使用以下一些格式代码显示时间数据。

● 以中文"点分秒"以及"上下午"的形式来显示时间，符合中文使用习惯。

```
上午 / 下午 h" 点 "mm" 分 "ss" 秒 "
```

● 符合英语国家习惯的12小时制时间显示方式。

```
h:mm a/p".m."
```

● 符合英语国家习惯的24小时制时间显示方式。

```
mm"ss.00!"
```

5.7.5 显示电话号码

电话号码是工作和生活中常见的一类数字信息，通过自定义数字格式，可以在Excel中灵活显示并且简化用户输入操作。

对于一些专用业务号码，例如400电话、800电话等，使用以下格式可以使业务号段前置显示，使得业务类型一目了然。

```
"tel: "000-000-0000
```

以下格式适用于长途区号自动显示，其中本地号码段长度固定为8位。由于我国的城市长途区号分为3位(例如010)和4位

(0511)两类，代码中的"(0###)"适应了小于等于4位区号的不同情况，并且强制显示了前置"0"。后面的8位数字占位符"#"是实现长途区号本地号码分离的关键，也决定了此格式只适用于8位本地号码的情况。

(0###) #### ####

在以上格式的基础上，下面的格式添加了转拨分机号的显示。

(0###) #### ####" 转 "####

5.7.6 简化输入操作

在某些情况下，使用带有条件判断的自定义格式可以简化用户的输入操作，起到类似于"自动更正"功能的效果，例如以下一些例子。

使用以下格式代码，可以用数字0和1代替"×"和"√"的输入，由于符号"√"的输入并不方便，而通过设置包含条件判断的格式代码，可以使得当用户输入"1"时自动替换为"√"显示，输入"0"时自动替换为"×"显示，以输入0和1的简便操作代替了原有特殊符号的输入。如果输入的数值既不是1，也不是0，将不显示。

[=1]" √";[=0]"×";;

用户还可以设计一些类似上面的数字格式，在输入数据时以简单的数字输入来替代复杂的文本输入，并且方便数据统计，而在显示效果上以含义丰富的文本来替代信息单一的数字。例如，在输入数值大于零时显示"YES"，等于零时显示"NO"，小于零时显示空。

"YES";;"NO"

使用以下格式代码可以在需要大量

输入有规律的编码时，极大程度地提高效率，例如特定前缀的编码，末尾是5位流水号。

" 苏 A-2017"-00000

5.7.7 隐藏某些类型的数据

通过设置数字格式，还可以在单元格内隐藏某些特定类型的数据，甚至隐藏整个单元格的内容显示。但需要注意的是，这里所谓的"隐藏"只是在单元格显示上的隐藏，当用户选中单元格，其真实内容还是会显示在编辑栏中。

使用以下格式代码，可以设置当单元格数值大于1时才有数据显示，隐藏其他类型的数据。格式代码分为4个区段，第1区段当数值大于1时常规显示，其余区段均不显示内容。

[>1]G/ 通用格式 ;;;

以下代码分为4个区段，第1区段当数值大于零时，显示包含3位小数的数字；第2区段当数值小于零时，显示负数形式的包含3位小数的数字；第3区段当数值等于零时显示零值；第4区段文本类型数据以"*"代替显示。其中第4区段代码中的第一个"*"表示重复下一个字符来填充列宽，而紧随其后的第二个"*"则是用来填充的具体字符。

0.000;-0.000;0;**

以下格式代码为3个区段，分别对应于数值大于、小于及等于零的3种情况，均不显示内容，因此这个格式的效果为只显示文本类型的数据。

;;

以下代码为4个区段，均不显示内容，因此这个格式的效果为隐藏所有的单元格内容。此数字格式通常被用来实现简单的隐藏单元格数据，但这种"隐藏"方式并不彻底。

> ;;;

5.7.8　文本内容的附加显示

数字格式在多数情况下主要应用于数值型数据的显示需求，但用户也可以创建主要应用于文本型数据的自定义格式，为文本内容的显示增添更多样式和附加信息。例如有以下一些针对文本数据的自定义格式。

下面所示的格式代码为4个区段，前3个区段禁止非文本型数据的显示，第4区段为文本数据增加了一些附加信息。此类格式可用于简化输入操作，或是某些固定

样式的动态内容显示(如公文信笺标题、署名等)，用户可以按照此种结构根据自己的需要创建出更多样式的附加信息类自定义格式。

> ;;;"南京分公司 "@" 部 "

文本型数据通常在单元格中靠左对齐显示，设置以下格式可以在文本左边填充足够多的空格使得文本内容显示为靠右侧对齐。

> ;;;*@

下面所示的格式在文本内容的右侧填充下划线 "_"，形成类似签名栏的效果，可用于一些需要打印后手动填写的文稿类型。

> ;;; @*_

5.8　复制与粘贴单元格及区域

用户如果需要将工作表中的数据复制或移动到其他位置，在Excel中可以参考以下方法操作。

● 复制：选择单元格区域后，执行【复制】操作，然后选取目标区域，按下Ctrl+V键执行【粘贴】操作。

● 移动：选择单元格区域后，执行【剪切】操作，然后选取目标区域，按下Ctrl+V键执行【粘贴】操作。

复制和移动的主要区别在于，复制是产生源区域的数据副本，最终效果不影响源区域，而移动则是将数据从源区域移走。

5.8.1　复制单元格和区域

用户可以参考以下几种方法复制单元格和区域。

● 选择【开始】选项卡，在【剪贴板】命令组中单击【复制】按钮 🖺。

● 按下Ctrl+C组合键。

● 右击选中的单元格区域，在弹出的菜单中选择【复制】命令。

完成以上操作将会把目标单元格或区域中的内容添加到剪贴板中(这里所指的"内容"不仅包括单元格中的数据，还包括单元格中的任何格式、数据有效性以及单元格的批注)。

5.8.2　剪切单元格和区域

用户可以参考以下几种方法剪切单元格和区域。

● 选择【开始】选项卡，在【剪贴板】命令组中单击【剪切】按钮 ✂。

● 按下Ctrl+X组合键。

● 右击单元格或区域，在弹出的菜单中选择【剪切】命令。

完成以上操作后，即可将单元格或区域的内容添加到剪贴板上。在进行粘贴操作之前，被剪切的单元格或区域中的内容并不会被清除，直到用户在新的目标单元

格或区域中执行粘贴操作。

5.8.3 粘贴单元格和区域

"粘贴"操作实际上是从剪贴板中取出内容存放到新的目标区域中。Excel允许粘贴操作的目标区域等于或大于源区域。

用户可以参考以下几种方法实现"粘贴"单元格和区域操作。

🖐 选择【开始】选项卡，在【剪贴板】命令组中单击【粘贴】按钮 📋 。

🖐 按下Ctrl+V组合键。

完成以上操作后，即可将最近一次复制或剪切操作源区域内容粘贴到目标区域中。如果之前执行的是剪切操作，此时会将源单元格和区域中的内容清除。如果复制或剪切的内容只需要粘贴一次，用户可以在目标区域中按下Enter键。

5.8.4 使用【粘贴选项】功能

用户执行"复制"命令后再执行"粘贴"命令时，默认情况下被粘贴区域的右下角会显示【粘贴选项】按钮，单击该按钮，将展开如下图所示的菜单。

此外，在执行了复制操作后，在【开始】选项卡的【剪贴板】命令组中单击【粘贴】拆分按钮，也会打开类似下拉菜单。

在默认的"粘贴"操作中，粘贴到目标区域的内容包括源单元格中的全部内容，包括数据、公式、单元格格式、条件格式、数据有效性以及单元格的批注。而通过在【粘贴选项】下拉菜单中进行选择，用户可以根据自己的需求来进行粘贴。

5.8.5 使用【选择性粘贴】功能

"选择性粘贴"是Excel中非常有用的粘贴辅助功能，其中包含了许多详细的粘贴选项设置，以方便用户根据实际需求选择多种不同的复制粘贴方式。要打开【选择性粘贴】对话框，用户需要先执行"复制"操作，然后参考以下两种方法之一操作。

🖐 选择【开始】选项卡，在【剪贴板】命令组中单击【粘贴】拆分按钮，在弹出的下拉列表中选择【选择性粘贴】命令。

🖐 在粘贴的目标单元格中右击鼠标，在弹出的菜单中选择【选择性粘贴】命令。

5.8.6 通过拖放执行复制和移动

在Excel中，除了以上所示的复制和移动方法以外，用户还可以通过拖放鼠标的方式直接对单元格和区域进行复制或移动操作。执行"复制"操作的方法如下。

01 选中需要复制的目标单元格区域，将鼠标指针移动至区域边缘，当指针颜色显示为黑色十字箭头时，按住鼠标左键。

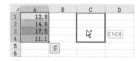

02 拖动鼠标，移动至需要粘贴数据的目标位置后按下Ctrl键，此时鼠标指针显示为带加号"+"的指针样式，最后依次释放鼠标左键和Ctrl键，即可完成复制操作。

通过拖放鼠标移动数据的操作与复制类

似，只是在操作的过程中不需要按住Ctrl键。

鼠标拖放实现复制和移动的操作方法不仅适合同个工作表中的数据复制和移动，也同样适用于不同工作表或不同工作簿之间的操作。

💬 要将数据复制到不同的工作表中，可以在拖动过程中将鼠标移动至目标工作表标签上方，然后按Alt键(同时不要松开鼠标左键)，即可切换到目标工作表中，此时在执行上面步骤2的操作，即可完成跨表粘贴。

💬 要在不同的工作簿之间复制数据，用户可以在【视图】选项卡的【窗口】命令组中选择相关命令，同时显示多个工作簿窗口，即可在不同的工作簿之间拖放数据进行复制。

5.9 查找与替换表格数据

如果需要在工作表中查找一些特定的字符串，那么查看每个单元格就太麻烦了，特别是在一份较大的工作表或工作簿中。Excel提供的查找和替换功能可以方便地查找和替换需要的内容。

5.9.1 查找数据

在使用电子表格的过程中，常常需要查找某些数据。使用Excel的数据查找功能可以快速查找出满足条件的所有单元格，还可以设置查找数据的格式，进一步提高了编辑和处理数据的效率。

在Excel 2016中查找数据时，可以选择【开始】选项卡，在【编辑】组中单击【查找和选择】下拉列表按钮 ，然后在弹出的下拉列表中选中【查找】选项，打开【查找和替换】对话框。接下来，在该对话框的【查找内容】文本框中输入要查找的数据，然后单击【查找下一个】按钮，Excel会自动在工作表中选定相关的单元格，若想查看下一个查找结果，则再次单击【查找下一个】按钮即可。

若用户想要显示所有的查找结果，则在【查找和替换】对话框中单击【查找全部】按钮即可。

另外，在Excel中使用Ctrl+F快捷键，可以快速打开【查找和替换】对话框的【查找】选项卡。若查找的结果条目过多，用户还可以在【查找】选项卡中单击

【选项】按钮，显示相应的选项区域，详细设置查找选项后再次查找。

在【选项】选项区域中，各选项的功能说明如下：

🔘 单击【格式】按钮，可以为查找的内容设置格式限制。

🔘 在【范围】下拉列表框中可以选择搜索当前工作表还是搜索整个工作簿。

🔘 在【搜索】下拉列表框中可以选择按行搜索还是按列搜索。

🔘 在【查找范围】下拉列表框中可以选择是查找公式、值或是批注中的内容。

🔘 通过选中【区分大小写】、【单元格匹配】和【区分全/半角】等复选框可以设置在搜索时是否区别大小写、全角半角等。

5.9.2 替换数据

在Excel中，若用户要统一替换一些内容，则可以使用数据替换功能。通过【查找和替换】对话框，不仅可以查找表格中的数据，还可以将查找的数据替换为新的数据，这样可以提高工作效率。

在Excel 2016中需要替换数据时，可以选择【开始】选项卡，在【编辑】组中单击【查找和选择】下拉列表按钮，然后在

弹出的下拉列表中选中【替换】选项，打开【查找和替换】对话框的【替换】选项卡，在【查找内容】文本框中输入要替换的数据，在【替换为】文本框中输入要替换为的数据，并单击【查找下一个】按钮，Excel会自动在工作表中选定相关的单元格。此时，若要替换该单元格的数据则单击【替换】按钮，若不要替换则单击【查找下一个】按钮，查找下个要替换的单元格。若用户单击【全部替换】按钮，则Excel会自动替换所有满足替换条件的单元格中的数据。

若要详细设置替换选项，则在【替换】选项卡中单击【选项】按钮，打开相应的选项区域。在该选项区域中，用户可以详细设置替换的相关选项，其设置方法与设置查找选项的方法相同。

在Excel 2016中使用Ctrl+H快捷键，可以快速打开【查找和替换】对话框的【替换】选项卡。

5.10 进阶实战

本章的进阶实战部分将通过在Excel 2016中制作一个常用办公表格，帮助用户巩固所学的Excel基本操作。

【例5-10】在Excel 2010中制作一个常用办公表格。 📹视频

01 按下Ctrl+N组合键，新建一个空白工作簿后，单击【开始】按钮，在弹出的菜单中选中【另存为】选项，打开【另存为】对话框。

02 在【文件名】文本框中输入【员工试用期评定表】后，单击【保存】按钮。

03 返回工作簿，双击Sheet1工作表标签，将其重命名为【员工试用表】。

04 选中A1单元格，输入表格的标题为【新员工试用评定】，然后在A2：I2单元格区域分别输入表头文本。

05 在B4单元格中输入【王燕】，然后按下回车键，自动跳转到B5单元格后，输入【马琳】。

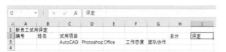

06 使用相同的方法，在C4：G16单元格区域中输入数据。

07 在A18单元格中输入【合格】，在C18

单元格中输入【不合格】。

08 选中B18单元格，选择【插入】选项卡，在【符号】组中单击【符号】按钮。

09 打开【符号】对话框，选中√符号后，单击【插入】按钮。

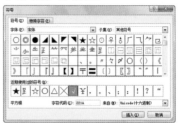

10 此时，将在B18单元格中插入√符号。选中D18单元格，在符号组中再次单击【符号】按钮。

11 打开【符号】对话框，选中×符号后，单击【插入】按钮。

12 选中A2:I18区域，在【开始】选项卡的【单元格】组中单击【格式】按钮，在弹出的列表中选择【自动调整列宽】选项，【员工试用表】工作表的效果如下图所示。

5.11 疑点解答

问：如何快速打印Excel文件？

答：如果要快速地打印Excel表格，最简捷的方法是执行【快速打印】命令，方法是：单击Excel窗口左上方"快速访问工具栏"右侧的下拉按钮，在弹出的下拉列表中选择【快速打印】命令，在"快速访问工具栏"中显示【快速打印】按钮。将鼠标悬停在【快速打印】按钮上，可以显示当前的打印机名称，单击该按钮即可使用当前打印机进行打印。

第6章

Excel数据计算与统计

在日常工作中，用户经常需要对Excel中的数据进行计算与统计。使用公式与函数计算、处理表格中的数据，并将数据按照一定的规律排序、筛选、分类汇总，可以使表格数据更加合理地被利用。

对应光盘视频

6.1 使用公式

处理Excel工作表中的数据，离不开公式和函数。公式和函数不仅可以帮助用户快速并准确地计算表格中的数据，还可以解决办公中的各种查询与统计问题。

6.1.1 公式的基本操作

公式是以"="号为开头，通过运算符按照一定顺序组合进行数据运算和处理的等式，函数则是按特定算法执行计算的产生一个或一组结构的预定义的特殊公式。本节将重点介绍在Excel中输入、编辑、删除、复制与填充公式的方法。

1 输入公式

在Excel中，当以"="号作为开始在单元格中输入时，软件将自动切换至输入公式状态，以"+"、"-"号作为开始输入时，软件会自动在其前面加上等号并切换至输入公式状态。

在Excel的公式输入状态下，使用鼠标选中其他单元格区域时，被选中区域将作为引用自动输入到公式中。

2 编辑公式

按下Enter键或者Ctrl+Shift+Enter键，可以结束普通公式和数组公式的输入或编辑状态。如果用户需要对单元格中的公式进行修改，可以使用以下3种方法。
- 选中公式所在的单元格，然后按下F2键。
- 双击公式所在的单元格。

- 选中公式所在的单元格，单击窗口中的编辑栏。

3 删除公式

选中公式所在的单元格，按下Delete键可以清除单元格中的全部内容，或者进入单元格编辑状态后，将光标放置在某个位置并按下Delete键或Backspace键，删除光标后面或前面的公式部分内容。当用户需要删除多个单元格数组公式时，必须选中其所在的全部单元格再按下Delete键。

4 公式的复制与填充

如果用户要在表格中使用相同的计算方法，可以通过【复制】和【粘贴】功能实现操作。此外，还可以根据表格的具体制作要求，使用不同方法在单元格区域中填充公式，以提高工作效率。

【例6-1】在Excel 2016中使用公式在表格的I列中计算学生成绩总分。
视频+素材 (光盘素材\第06章\例6-1)

01 在I4单元格中输入以下公式，并按下Enter键：
=H4+G4+F4+E4+D4

02 采用以下几种方法，可以将I4单元格中的公式应用到计算方法相同的I5：I16区域。

拖动I4单元格右下角的填充柄：将鼠标指针置于单元格右下角，当鼠标指针变为黑色"十字"时，按住鼠标左键向下拖动至I16单元格。

双击I4单元格右下角的填充柄：选中I4单元格后，双击该单元格右下角的填充柄，公式将向下填充到其相邻列第一个空白单元格的上一行，即I16单元格。

使用快捷键：选择I4：I16单元格区域，按下Ctrl+D键，或者选择【开始】选项卡，在【编辑】命令组中单击【填充】下拉按钮，在弹出的下拉列表中选择【向下】命令(当需要将公式向右复制时，可以按下Ctrl+R键)。

使用选择性粘贴：选中I4单元格，在【开始】选项卡的【剪贴板】命令组中单击【复制】按钮，或者按下Ctrl+C键，然后选择I5：I16单元格区域，在【剪贴板】命令组中单击【粘贴】拆分按钮，在弹出的菜单中选择【公式】命令。

多单元格同时输入：选中I4单元格，按住Shift键，单击所需复制单元格区域的另一个对角单元格I16，然后单击编辑栏中的公式，按下Ctrl+Enter键，则I4：I16单元格区域中将输入相同的公式。

6.1.2 公式中的运算符

运算符用于对公式中的元素进行特定的运算，或者用来连接需要运算的数据对象，并说明进行了哪种公式运算，如加"+"、减"-"、乘"*"、除"/"等。

1 认识运算符

运算符对公式中的元素进行特定类型的运算。Excel 2016中包含了4种运算符类型：算术运算符、比较运算符、文本连接运算符与引用运算符。

算数运算符：如果要完成基本的数学运算，如加法、减法、乘法和除法，可以使用如下表所示的算术运算符。

运算符	含 义	示 范
+(加号)	加法运算	2+2
−(减号)	减法运算或负数	2−1或−1
*(星号)	乘法运算	2*2
/(正斜线)	除法运算	2/2

比较运算符：使用下表所示的比较运算符可以比较两个值的大小。当用运算符比较两个值时，结果为逻辑值，比较成立则为TRUE，反之则为FALSE，如下表所示。

运算符	含 义	示 范
= (等号	等于	A1=B1
>(大于号)	大于	A1>B1
<(小于号)	小于	A1<B1
>=(大于等于号)	大于或等于	A1>=B1
<=(小于等于号)	小于或等于	A1<=B1

文本连接运算符：在Excel公式中，使用和号(&)可加入或连接一个或更多文本字符串以产生一串新的文本，如下表所示。

运算符	含 义	示 范
&(和号)	将两个文本值连接或串连起来以产生一个连续的文本值	spuer &man

引用运算符：单元格引用是用于表示单元格在工作表上所处位置的坐标集。例如，显示在第B列和第3行交叉处的单元格，其引用形式为B3。使用如下表所示的引用运算符，可以将单元格区域合并计算。

运算符	含 义	示 范
:(冒号)	区域运算符，产生对包括在两个引用之间的所有单元格的引用	(A5:A15)
,(逗号)	联合运算符，将多个引用合并为一个引用	SUM(A5:A15, C5:C15)
(空格)	交叉运算符，产生对两个引用共有的单元格的引用	(B7:D7 C6:C8)

2 数据比较的原则

在Excel中，数据可以分为文本、数值、逻辑值、错误值等几种类型。其中，文本用一对半角双引号("")所包含的内容表示文本，例如"Date"是由4个字符组成的文本。日期与时间是数值的特殊表现形式，数值1表示1天。逻辑值只有TRUE和FALSE两个，错误值主要由#VALUE!、#DIV/0!、#NAME?、#N/A、#REF!、#NUM!、#NULL!等几种组成。

除了错误值以外，文本、数值与逻辑值比较时按以下顺序排列：

···、-2、-1、0、1、2、 ···、A~Z、FALSE、TRUE

即数值小于文本，文本小于逻辑值，错误值不参与排序。

3 运算符的优先级

如果公式中同时用到多个运算符，Excel将会依照运算符的优先级来依次完成运算。如果公式中包含相同优先级的运算符，例如公式中同时包含乘法和除法运算符，则Excel将从左到右进行计算。

如下表所示的是Excel中的运算符优先级。其中，运算符优先级从上到下依次降低。

运算符	含 义
:(冒号) (单个空格) ,(逗号)	引用运算符
−	负号
%	百分比
^	乘幂
* 和 /	乘和除
+ 和 −	加和减
&	连接两个文本字符串
= < > <= >= <>	比较运算符

如果要更改求值的顺序，可以将公式中需要先计算的部分用括号括起来。例如，公式=8+2*4的值是16，因为Excel 2016按先乘除后加减的顺序进行运算，即先将2与4相乘，然后再加上8，得到结果16。若在该公式上添加括号，=(8+2)*4，则Excel 2016先用8加上2，再用结果乘以4，得到结果40。

6.1.3 公式中的常量

常量数值用于输入公式中的值和文本。

1 常用参数

公式中可以使用常量进行运算。常量指的是在运算过程中自身不会改变的值，但是公式以及公式产生的结果都不是常量。

- 数值常量：如=(3+9)*5/2。
- 日期常量：如=DATEDIF("2018-

10-10",NOW(),"m")。

◉ 文本常量：如"I Love"&"You"。

◉ 逻辑值常量：如=VLOOKIP("曹焱兵",A:B,2,FALSE)。

◉ 错误值常量：如=COUNTIF(A:A,#DIV/0!)。

在公式运算中逻辑值与数值的关系为：

◉ 在四则运算及乘幂、开方运算中，TRUE=1，FALSE=0。

◉ 在逻辑判断中，0=FALSE，所有非0数值=TRUE。

◉ 在比较运算中，数值＜文本＜FLASE＜TRUE。

文本型数字可以作为数值直接参与四则运算，但当此类数据以数组或者单元格引用的形式作为某些统计函数(如SUM、AVERAGE和COUNT函数等)的参数时，将被视为文本来运算。例如，在A1单元格输入数值1，在A2单元格输入前置单引号的数字"'2"，则对数值1和文本型数字2的运算如下所示。

◉ =A1+A2：返回结果3(文本"2"参与四则运算被转换为数值)。

◉ =SUM(A1：A2)：返回结果1(文本"2"在单元格中被视为文本，未被SUM函数统计)。

◉ =SUM(1，"2")：返回结果1(文本"2"直接作为参数视为数值)。

◉ =COUNT(1，"2")：返回结果2(文本"2"直接作为参数视为数值)。

◉ =COUNT({1，"2"})：返回结果1(文本"2"在常量数组中被视为文本，可被COUNTA函数)。

◉ =COUNTA({1，"2"})：返回结果2(文本"2"在常量数组中被视为文本，可被COUNTA函数统计，但未被COUNT函数统计)。

2 常用常量

以公式1和公式2为例介绍公式中的常用

常量，这两个公式分别可以返回表格中A列单元格区域最后一个数值和文本型的数据。

最后一个文本型数据

最后一个数值型数据

公式1：

=LOOKUP(9E+307,A:A)

公式2：

=LOOKUP(" 龥 ",A:A)

在公式1中，9E+307是数值9乘以10的307次方的科学记数法表示形式，也可以写作9E307。根据Excel计算规范限制，在单元格中允许输入的最大值为9.99999999999999E+307，因此采用较为接近限制值且一般不会使用到的一个大数9E+307来简化公式输入，用于在A列中查找最后一个数值。

在公式2中，使用"龥"(yuè)字的原理与9E+307相似，是接近字符集中最大全角字符的单字，此外也常用"座"或者REPT("座",255)来产生一串"很大"的文本，以查找A列中最后一个数值型数据。

3 数组常量

在Excel中数组是由一个或者多个元素按照行列排列方式组成的集合，这些元素可以是文本、数值、日期、逻辑值或错误值等。数组常量的所有组成元素为常量数据，其中文本必须使用半角双引号将首尾标识出来。具体表示方法为：用一对大括号"{}"将构成数组的常量包括起来，并以半角分号"；"间隔行元素、以半角逗号

"，"间隔列元素。

数组常量根据尺寸和方向不同，可以分为一维数组和二维数组。只有1个元素的数组称为单元素数组，只有1行的一维数组又可称为水平数组，只有1列的一维数组又可以称为垂直数组，具有多行多列(包含两行两列)的数组为二维数组，例如：

- 单元格数组：{1}，可以使用=ROW(A1)

或者=COLUMN(A1)返回。

- 一维水平数组：{1,2,3,4,5}，可以使用=COLUMN(A:E)返回。

- 一维垂直数组：{1;2;3;4;5}，可以使用=ROW(1:5)返回。

- 二维数组：{0，"不及格";60，"及格";70,"中";80,"良";90,"优"}。

6.2 单元格的引用

Excel工作簿由多张工作表组成，单元格是工作表最小的组成元素，由窗口左上角第一个单元格为原点，向下向右分别为行、列坐标的正方向，由此构成的单元格在工作表上所处位置的坐标集合。在公式中使用坐标方式表示单元格在工作中的"地址"，实现对存储于单元格中的数据调用，这种方法称为单元格的引用。

6.2.1 相对引用

相对引用是通过当前单元格与目标单元格的相对位置来定位引用单元格的。

相对引用包含了当前单元格与公式所在单元格的相对位置。默认设置下，Excel使用的都是相对引用，当改变公式所在单元格的位置时，引用也会随之改变。

【例6-2】通过相对引用将工作表I4单元格中的公式复制到I5:I16单元格区域中。
📹视频+素材 (光盘素材\第06章\例6-2)

01 在E2单元格中输入公式：

=D2+C2

02 将鼠标光标移至单元格E2右下角的控制点■，当鼠标指针呈十字状态后，按住左键并拖动选定E3:E6区域。

03 释放鼠标，即可将E2单元格中的公式复制到E3：E6单元格区域中。

6.2.2 绝对引用

绝对引用就是公式中单元格的精确地址，与包含公式的单元格的位置无关。绝对引用与相对引用的区别在于：复制公式时使用绝对引用，则单元格引用不会发生变化。绝对引用的方法是，在列标和行号前分别加上美元符号$。例如，$B$2表示单元格B2的绝对引用，而$B$2:$E$5表示单元格区域B2:E5的绝对引用。

【例6-3】在工作表中通过绝对引用将工作表E2单元格中的公式复制到E3:E6单元格区域中。
📹视频+素材 (光盘素材\第06章\例6-3)

01 在E2单元格中输入公式：

=$D$2+$C$2

02 将鼠标光标移至单元格E2右下角的控

制点■，当鼠标指针呈十字状态后，按住左键并拖动选定E3:E6区域。释放鼠标，将会发现在E3:E6区域中显示的引用结果与E2单元格中的结果相同。

E2 =$D$2+$C$2

	A	B	C	D	E
1	学号	姓名	语文	数学	总分
2	1121	李亮辉	96	99	195
3	1122	林雨馨	92	96	195
4	1123	莫静静	91	93	195
5	1124	刘乐乐	96	87	195
6	1125	杨晓亮	82	91	195
7					

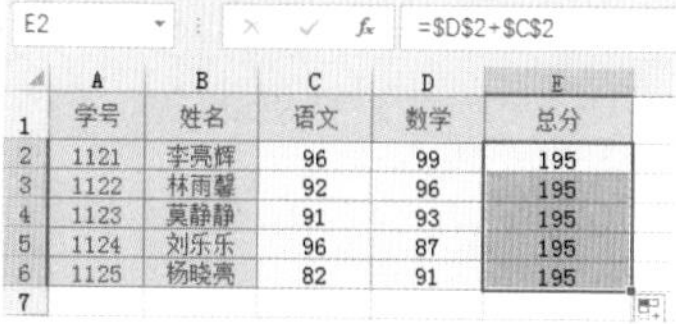

6.2.3 混合引用

混合引用指的是在一个单元格引用中，既有绝对引用，同时也包含有相对引用，即混合引用具有绝对列和相对行，或具有绝对行和相对列。绝对引用列采用$A1、$B1的形式，绝对引用行采用 A$1、B$1的形式。如果公式所在单元格的位置改变，则相对引用改变，而绝对引用不变。如果多行或多列地复制公式，相对引用自动调整，而绝对引用不作调整。

【例6-4】将工作表中I4单元格中的公式混合引用到I5:I16单元格区域中。

视频+素材 (光盘素材\第06章\例6-4)

01 在E2单元格中输入公式：

```
=$D2+C$2
```

其中，$D2是绝对列和相对行形式，C$2是绝对行和相对列形式，按下Enter键后即可得到合计数值。

02 将鼠标光标移至单元格E2右下角的控制点■，当鼠标指针呈十字状态后，按住左键并拖动选定E3:E6区域。释放鼠标，混合引用填充公式，此时相对引用地址改变，而绝对引用地址不变，如下图所示。例如，将E2单元格中的公式填充到E3单元格中，公式将调整为：

```
=$D3+C$2
```

SUM =$D4+C$2

	A	B	C	D	E
1	学号	姓名	语文	数学	总分
2	1121	李亮辉	96	99	192
3	1122	林雨馨	92	96	=$D4+C$2
4	1123	莫静静	91	93	183
5	1124	刘乐乐	96	87	187
6	1125	杨晓亮	82	91	96
7					

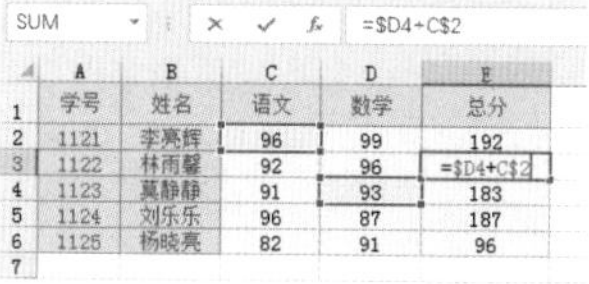

综上所述，如果用户需要在复制公式时能够固定引用某个单元格地址，则需要使用绝对引用符号“$”，加在行号或列号的前面。

在Excel中，用户可以使用F4键在各种引用类型中循环切换，其顺序如下。

绝对引用→行绝对列相对引用→行相对列绝对引用→相对引用

以公式“=A2”为例，单元格输入公式后按下F4键，将依次变为：

=$A$2→=A$2→=$A2→=A2

6.2.4 合并区域引用

Excel除了允许对单个单元格或多个连续的单元格进行引用以外，还支持对同一工作表中不连续单元格区域进行引用，称为“合并区域”引用，用户可以使用联合运算符“,”将各个区域的引用间隔开，并在两端添加半角括号“( )”将其包含在内，具体如下。

【例6-5】通过合并区域引用计算学生成绩排名。

视频+素材 (光盘素材\第06章\例6-5)

01 打开工作表后，在F2单元格中输入以下公式，并向下复制到F6单元格。

```
=RANK(E2,($B$2:$B$6,$E$2:$E$6))
```

F2 =RANK(E2,($B$2:$B$6,$E$2:$E$6))

	A	B	C	D	E	F	G
1	姓名	总分	排名	姓名	总分	排名	
2	李亮辉	189		武 胜	196	2	
3	林雨馨	178		南建华	182	7	
4	莫静静	191		孟建春	175	9	
5	刘乐乐	187		李鹏东	198	1	
6	杨晓亮	167		王 浩	189	4	
7							

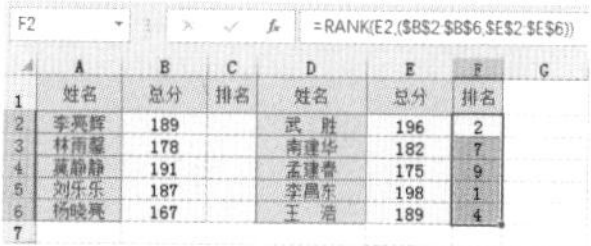

02 选择F2:F6单元格区域，按下Ctrl+C键执行【复制】命令，然后选中C2单元格按

下Ctrl+V组合键执行【粘贴】命令。

	A	B	C	D	E	F	G
1	姓名	总分	排名	姓名	总分	排名	
2	李英辉	189	4	武 胜	196	2	
3	林雨馨	178	8	南建华	182	7	
4	莫静静	191	3	孟建奎	175	9	
5	刘乐乐	187	6	李昌东	198	1	
6	杨晓亮	167	10	王 浩	189	5	
7							
8							

C2单元格公式：=RANK(B2,($B$2:$B$6,$E$2:$E$6))

进阶技巧

在【例6-5】表格中所用的公式中，($B$4:$B$6,$E$2:$E$6)为合并区域引用。

6.2.5 交叉引用

在使用公式时，用户可以利用交叉运算符(单个空格)取得两个单元格区域的交叉区域，具体方法如下。

【例6-6】通过交叉引用筛选鲜花品种"黑王子"在3月份的销量。
(视频+素材) (光盘素材\第06章\例6-6)

01 打开工作表后，在D7单元格中输入如下图所示的公式：

```
=D:D 3:3
```

	A	B	C	D	E	F	G	H	I
1	产品	1月	2月	3月	4月	5月	6月		
2	白牡丹	183	213	283	383	283	133		
3	黑王子	132	152	382	142	482	242		
4	娄娜莲	169	289	219	289	239	139		
5	熊童子	113	133	186	323	381	163		
6									
7	黑王子3月份的		=D:D 3:3						

02 按下Enter键即可在D7单元格中显示"黑王子"在3月的销量。

在上例所示的公式中，"D:D"代表3月份，"3:3"代表"黑王子"所在的行，空格在这里的作用是引用运算符，分别对两个引用共同的单元格引用，本例为D3单元格。

6.2.6 绝对交集引用

在公式中，对单元格区域而不是单元格的引用按照单个单元格进行计算时，依靠公式所在的从属单元格与引用单元格之间的物理位置，返回交叉点值，称为"绝对交集"引用或者"隐含交叉"引用。例如下图所示，I2单元格中包含公式"=G2:G5"，并且未使用数组公式方式编辑公式，在该单元格返回的值为G2，这是因为I2单元格和G2单元格位于同一行。

I2单元格公式：=G2:G5

	A	B	C	D	E	F	G	H	I
1	产品	1月	2月	3月	4月	5月	6月		引用
2	白牡丹	183	213	283	383	283	133		133
3	黑王子	132	152	382	142	482	242		
4	娄娜莲	169	289	219	289	239	139		
5	熊童子	113	133	186	323	381	163		
6									

6.3 工作表和工作簿的引用

本节将介绍在公式中引用当前工作簿中其他工作表和其他工作簿中工作表单元格区域的方法。

6.3.1 引用其他工作表数据

如果需要在公式中引用当前工作簿中其他工作表内的单元格区域，可在公式编辑状态下，使用鼠标单击相应的工作表标签，切换到该工作表选取需要的单元格区域。

【例6-7】跨表统计学生成绩总分。
(视频+素材) (光盘素材\第06章\例6-7)

01 在"总分"工作表中选中C2单元格，并输入公式：

```
=SUM(
```

	A	B	C	D	E	F	G
1	姓名	性别	分数				
2	林雨馨	女	=SUM(				
3	莫静静	女	SUM(number1, [number2], …)				
4	刘乐乐	女					
5	杨晓亮	男					
6	张瑞涵	男					

总分 | 每科成绩

02 单击"各科成绩"工作表标签，选择C2：E2单元格区域，然后按下回车键。

03 此时，在编辑栏中将自动在引用前添加工作表名称：

=SUM(各科成绩 !C2:E2)

返回"总分"工作表，公式计算结果如下图所示。

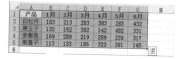

跨表引用的表示方式为"工作表名+半角感叹号+引用区域"。当所引用的工作表名是以数字开头或者包含空格以及$、%、~、!、@、^、&、(、)、+、-、=、|、"、、;、{、}等特殊字符时，公式中被引用工作表名称将被一对半角单引号包含，例如将【例6-7】中的"各科成绩"工作表修改

为"学生成绩"，则跨表引用公式将变为：

=SUM(学生成绩 !C2:E2)

在使用INDIRECT函数进行跨表引用时，如果被引用的工作表名称包含空格或者上述字符，需要在工作表名前后加上半角单引号才能正确返回结果。

6.3.2 引用其他工作簿数据

当用户需要在公式中引用其他工作簿中工作表内的单元格区域时，公式的表示方式将为"[工作簿名称]工作表名!单元格引用"，例如新建一个工作簿，并对【例6-7】中【各科成绩】工作表内C2：E2单元格区域求和，公式将如下：

=SUM('[例6-7.xlsx] 各科成绩 '!$C$2:$E$2)

当被引用单元格所在的工作簿关闭时，公式中将在工作簿名称前自动加上引用工作簿文件的路径。当路径或工作簿名称、工作表名称之一包含空格或相关特殊字符时，感叹号之前的部分需要使用一对半角单引号包含。

6.4 表格与结构化引用

在Excel中，用户可以在【插入】选项卡的【表格】命令组中单击【表格】按钮，或按下Ctrl+T键，创建一个表格，用于组织和分析工作表中的数据。

【例6-8】在工作表中使用表格与结构化引用汇总数据。
视频+素材 (光盘素材\第06章\例6-8)

01 打开工作表后，选中其中的A1:G5单元格区域。

02 按下Ctrl+T键，打开【创建表】对话框，并单击【确定】按钮。

03 选择表格中的任意单元格，在【设计】选项卡的【属性】命令组中，在【表

名称】文本框中将默认的【表1】修改为【销售】。

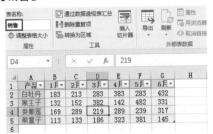

04 在【表格样式选项】命令组中，选中【汇总行】复选框，在A6：G6单元格区域将显示【汇总】行，单击B6单元格中的下拉按钮，在弹出的下拉列表中选择【平均值】选项。

05 此时，将自动在该单元格中生成如下所示的公式：

=SUBTOTAL(101,[1 月])

6.5 理解函数

Excel中的函数与公式一样，都可以快速计算数据。公式是由用户自行设计的对单元格进行计算和处理的表达式，而函数则是在Excel中已经被软件定义好的公式。用户在Excel中输入和编辑函数之前，首先应掌握函数的基本知识。

6.5.1 函数的结构

在公式中使用函数时，通常由表示公式开始的"="号、函数名称、左括号、以半角逗号相间隔的参数和右括号构成，此外，公式中允许使用多个函数或计算式，通过运算符进行连接。

= 函数名称 (参数 1, 参数 2, 参数 3,…)

在以上公式中使用"[1月]"表示B2:B5区域，并且可以随着"表格"区域的增加与减少自动改变引用范围。这种以类似字段名方式表示单元格区域的方法称为"结构化引用"。

一般情况下，结构化引用包含以下几个元素。

● 表名称：例如【例6-8】中步骤3设置的"销售"，可以单独使用表名称来引用除标题行和汇总行以外的"表"区域。

● 列标题：例如【例6-8】公式中的"[1月]"，用方括号包含，引用的是该列除标题和汇总以外的数据区域。

● 表字段：共有[#全部]、[#数据]、[#标题]、[#汇总]等4项，其中[#全部]引用"表"区域中的全部(含标题行、数据区域和汇总行)单元格。

例如，在【例6-8】创建的"表格"以外的区域中，输入"=SUM("，然后选择B2：G2区域，按下回车键结束公式编辑后，将自动生成如下图所示的公式。

有的函数可以允许多个参数，如SUM(A1:A5, C1:C5)使用了两个参数。另外，也有一些函数没有参数或不需要参数，例如，NOW函数、RAND函数等没有参数，ROW函数、COLUMN函数等则可以省略参数返回公式所在的单元格行号、列标数。

函数的参数，可以由数值、日期和文本等元素组成，可以使用常量、数组、单元格引用或其他函数。当使用函数作为另一个函数的参数时，称为函数的嵌套。

6.5.2 函数的参数

Excel函数的参数可以是常量、逻辑值、数组、错误值、单元格引用或嵌套函数等(其指定的参数都必须为有效参数值)，其各自的含义如下。

🔹 常量：指的是不进行计算且不会发生改变的值，如数字100与文本"家庭日常支出情况"都是常量。

🔹 逻辑值：逻辑值即TRUE(真值)或FALSE(假值)。

🔹 数组：用于建立可生成多个结果或可对在行和列中排列的一组参数进行计算的单个公式。

🔹 错误值：即"#N/A"、"空值"或"_"等值。

🔹 单元格引用：用于表示单元格在工作表中所处位置的坐标集。

🔹 嵌套函数：嵌套函数就是将某个函数或公式作为另一个函数的参数使用。

6.5.3 函数的分类

Excel函数包括【自动求和】、【最近使用的函数】、【财务】、【逻辑】、【文本】、【日期和时间】、【查找与引用】、【数学和三角函数】以及【其他函数】这9大类的上百个具体函数，每个函数的应用各不相同。常用函数包括SUM(求和)、AVERAGE(计算算术平均数)、ISPMT、IF、HYPERLINK、COUNT、MAX、SIN、SUMIF、PMT，它们的语法和作用说明如下。

🔹 SUM(number1，number2，…)：返回单元格区域中所有数值的和。

🔹 ISPMT(Rate，Per，Nper，Pv)：返回普通(无提保)的利息偿还。

🔹 AVERAGE(number1，number2，…)：计算参数的算术平均数；参数可以是数值或包含数值的名称、数组或引用。

🔹 IF(Logical_test，Value_if_true，Value_if_false)：执行真假值判断，根据对指定条件进行逻辑评价的真假而返回不同的结果。

🔹 HYPERLINK(Link_location，Friendly_name)：创建快捷方式，以便打开文档或网络驱动器或连接Internet。

🔹 COUNT(value1，value2，…)：计算数字参数和包含数字的单元格的个数。

🔹 MAX(number1，number2，…)：返回一组数值中的最大值。

🔹 SIN(number)：返回角度的正弦值。

🔹 SUMIF(Range，Criteria，Sum_range)：根据指定条件对若干单元格求和。

🔹 PMT(Rate，Nper，Pv，Fv，Type)：返回在固定利率下，投资或贷款的等额分期偿还额。

在常用函数中使用频率最高的是SUM函数，其作用是返回某一单元格区域中所有数字之和，例如"=SUM(A1:G10)"，表示对A1:G10单元格区域内所有数据求和。SUM函数的语法是：

SUM(number1,number2,...)

其中，number1，number2，...为1到30个需要求和的参数。说明如下：

🔹 直接输入到参数表中的数字、逻辑值及数字的文本表达式将被计算。

🔹 如果参数为数组或引用，只有其中的数字将被计算。数组或引用中的空白单元格、逻辑值、文本或错误值将被忽略。

🔹 如果参数为错误值或为不能转换成数字的文本，将会导致错误。

6.5.4 函数的易失性

有时，用户打开一个工作簿不做任

何编辑就关闭，Excel会提示"是否保存对文档的更改？"。这种情况可能是因为该工作簿中用到了具有Volatile特性的函数，即"易失性函数"。这种特性表现在使用易失性函数后，每激活一个单元格或者在一个单元格输入数据，甚至只是打开工作簿，具有易失性的函数都会自动重新计算。

易失性函数在以下条件下不会引发自动重新计算：

🔹 工作簿的重新计算模式被设置为【手动计算】。

🔹 当手工设置列宽、行高而不是双击调整为合适列宽时，但隐藏行或设置行高值为0除外。

🔹 当设置单元格格式或其他更改显示属性的设置时。

🔹 激活单元格或编辑单元格内容但按Esc键取消。

常见的易失性函数有以下几种：

🔹 获取随机数的RAND和RANDBETWEEN函数，每次编辑会自动产生新的随机值。

🔹 获取当前日期、时间的TODAY、NOW函数，每次返回当前系统的日期、时间。

🔹 返回单元格引用的OFFSET、INDIRECT函数，每次编辑都会重新定位实际的引用区域。

🔹 获取单元格信息的CELL函数和INFO函数，每次编辑都会刷新相关信息。

知识点滴

此外，SUMF函数与INDEX函数在实际应用中，当公式的引用区域具有不确定性时，每当其他单元格被重新编辑，也会引发工作簿重新计算。

6.5.5 输入与编辑函数

在Excel中，所有函数操作都是在【公式】选项卡的【函数库】选项组中完成的。

【例6-9】在期末考试成绩表中插入求平均值函数。

🔹视频+素材 (光盘素材\第06章\例6-9)

01 打开工作表后选取E10单元格，选择【公式】选项卡，在【函数库】选项组中单击【其他函数】下拉列表按钮，在弹出的菜单中选择【统计】| AVERAGE选项。

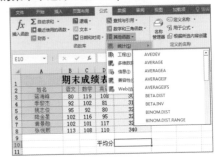

02 打开【函数参数】对话框，在AVERAGE选项区域的Number1文本框中输入计算平均值的范围，这里输入E3:E8。

输入计算范围

03 单击【确定】按钮，即可在E10单元格中显示计算结果。

当插入函数后，还可以将某个公式或函数的返回值作为另一个函数的参数来使用，这就是函数的嵌套使用。使用该功能的方法为：首先插入Excel自带的一种函数，然后通过修改函数的参数来实现函数的嵌套使用，例如公式：

=SUM(I3:I17)/15/3

用户在使用函数进行计算时，有时会需要对函数进行编辑，编辑函数的方法很简单，下面将通过一个实例详细介绍。

【例6-10】继续【例6-9】的操作，编辑E10单元格中的函数。

📀 视频+素材 (光盘素材\第06章\例6-10)

01 打开工作表后选择需要编辑函数的E10单元格，单击【插入函数】按钮 *fx*。

02 在打开的【函数参数】对话框中将Number1文本框中的单元格地址更改为E3:E5。

03 单击【确定】按钮后即可在工作表中的E10单元格内看到编辑后的结果。

6.5.6 常用函数简介

Excel软件提供了多种函数进行计算和应用，比如文本函数、日期和时间函数、查找和引用函数等。

1 文本函数

在使用Excel时，常用的文本函数有以下几种。

🔹 CODE函数用于返回文本字符串中第一个字符所对应的数字代码。

🔹 CLEAN函数用于删除文本中含有的当前Windows操作系统无法打印的字符。

🔹 LEFT函数用于从指定的字符串中的最左边开始返回指定的字符数。

🔹 LEN和LENB函数可以统计字符长度，其中LEN函数可以对任意单个字符都按1个长度计算，LENB函数对任意单个双字节字符按2个字符长度计算。

🔹 MID函数用于从文本字符串中提取指定的位置开始的特定数目的字符。

🔹 RIGHT函数从字符串的最右端提取指定个数字符。

以下图所示的表格为例，表A列源数据为产品类型与编号连在一起的文本，在B、C列使用公式将其分离。

	A	B	C	D	E
1	产品一览				
2	源数据	产品类型	编号		
3	手机A01112	手机	A01112		
4	台灯S12356	台灯	S12356		
5	电池D15236	电池	D15236		

在B3单元格使用公式：

=LEFT(A3,LENB(A3)-LEN(A3))

在C3单元格使用公式：

=RIGHT(A3,2*LEN(A3)-LENB(A3))

其中LENB函数按照每个双字节字符(汉字名称)为2个长度计算，单字节字符按1个长度计算，因此，LENB(A3)-LEN(A3)可以求得单元格中双字节字符的个数，2*LEN(A)-LENB(A3)则可以求得单元格中单字符字节字符的个数。再使用LEFT、RIGHT函数分别从左、右侧截取相应个数的字符，得到产品型号、编号分类的结果。

2 逻辑函数

在使用Excel时，常用的逻辑函数有以下几种。

- AND函数用于对多个逻辑值进行交集运算。
- IF函数用于根据对所知条件进行判断，返回不同的结果。
- NOT函数数是求反函数，用于对参数的逻辑值求反。
- OR函数用于判断逻辑值并集的计算结果。
- TRUE函数用于返回逻辑值TRUE。

以下图所示的表格为例，在D3单元格中使用公式：

=IF(AND(B3<35,C3=" 工程师 ")," 满足 ","")

或者

=IF((B3<35)*(C3=" 工 程 师 ")," 满 足 ","")

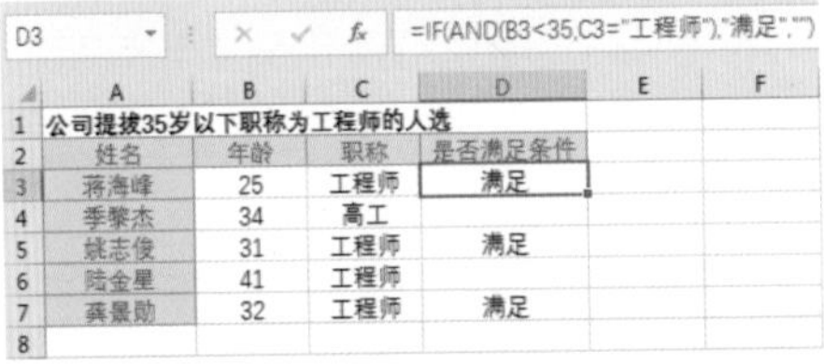 D3		× ✓ fx	=IF(AND(B3<35,C3="工程师"),"满足","")		
	A	B	C	D	E	F
1	公司提拔35岁以下职称为工程师的人选					
2	姓名	年龄	职称	是否满足条件		
3	蒋海峰	25	工程师	满足		
4	季擎杰	34	高工			
5	姚志俊	31	工程师	满足		
6	陆金星	41	工程师			
7	龚景勋	32	工程师	满足		
8						

可以判断B3和C3单元格中员工是否为"工程师"职称，并且在35岁以下。

3 数学函数

在使用Excel时，常用的数学函数有以下几种。

- ABS函数用于计算指定数值的绝对值，绝对值是没有符号的。
- CEILING函数用于将指定的数值按指定的条件进行舍入计算。
- EVEN函数用于指定的数值沿绝对值增大方向取整，并返回最接近的偶数。
- EXP函数用于计算指定数值的幂，即返回e的n次幂。
- FACT函数用于计算指定正数的阶乘(阶乘主要用于排列和组合的计算)，一个数的阶乘等于1*2*3*…。
- FLOOR函数用于将数值按指定的条件向下舍入计算。
- INT函数用于将数字向下舍入到最接近的整数。
- MOD函数用于返回两个数相除的余数。
- SUM函数用于计算某一单元格区域中所有数字之和。

下面列举几个数学函数的使用方法。

如果需要求数值44除以7的余数，可以使用以下公式：

=MOD(44,7)

如果要判断数值28的奇偶性，可以使用以下公式：

=IF(MOD(28,2)>0," 奇数 "," 偶数 ")

如果要对数值17.583，按0.2进行取舍，使用CEILING函数：

=CEILING(17.583,0.2)

返回的结果为17.6。

如果使用FLOOR函数对数值17.583进行取舍，可以使用公式：

=FLOOR(17.583,0.2)

返回的结果为17.4。

如果需要在下图所示的3个工作表中统计学生A卷和B卷的考试总分，可以在"总分"工作表中使用公式：

=SUM('1 单元 :3 单元 '!B:B)

和

=SUM('1 单元 :3 单元 '!C:C)

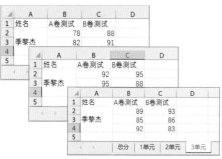

此时，使用SUM函数在3个工作表中统计考试总分的结构如下图所示。

B1		× ✓ fx	=SUM('1单元:3单元'!B:B)		
	A	B	C	D	E
1	A卷考试总分	776			
2	B卷考试总分	803			
3					
4					
5					

总分 | 1单元 | 2单元 | 3单元 | ⊕

4 三角函数

在使用Excel时，常用的三角函数有以下几种。

🔹 ACOS函数用于返回数字的反余弦值，反余弦值是角度，其余弦值为数字。

🔹 ACOSH函数用于返回数字的反双曲余弦值。

🔹 ASIN函数用于返回参数的反正弦值。

🔹 ASINH函数用于返回参数的反双曲正弦值。

🔹 ATAN函数用于返回参数的反正切值。

🔹 ATAN2函数用于返回给定X以及Y坐标轴的反正切值。

🔹 ATANH函数用于返回参数的反双曲正切值。

🔹 COS函数用于返回指定角度的余弦值。

🔹 COSH函数用于返回参数的反双曲余弦值。

🔹 DEGREES函数用于将弧度转换为角度。

🔹 RADIANS函数用于将角度转换为弧度，与DEGREES函数相对。

🔹 SIN函数用于返回指定角度的正弦值。

🔹 SINH函数用于返回参数的双曲正弦值。

🔹 TAN函数用于返回指定角度的正切值。

🔹 TANH函数用于返回参数的双曲正切值。

5 日期函数

日期函数主要由DATE、DAY、TODAY、MONTH等函数组成。

🔹 DATE函数用于将指定的日期转换为日期序列号。

🔹 YEAR函数用于返回指定日期所对应的年份。

🔹 DAY函数用于返回指定日期所对应的当月天数。

🔹 MONTH函数用于计算指定日期所对应的月份，是一个1月~12月之间的整数。

🔹 TODAY函数用于返回当前系统的日期。

下面列举几个日期函数的使用方法。

在单元格中使用以下公式，可以生成当前系统日期：

```
=TODAY()
```

知识点滴

如果在输入TODAY函数前单元格的格式为【常规】，则结果将默认设为日期格式。除了使用该函数输入当前系统的日期外，还可以使用快捷键来输入，选中单元格后，按Ctrl+; 组合键即可。

如果要在下图所示的第4列中根据A1单元格中的日期返回年份、月份和日期，可以在A4单元格中使用以下公式：

```
=YEAR(A1)
```

在B4单元格中使用以下公式：

```
=MONTH(A1)
```

在C4单元格中使用以下公式：

```
=DAY(A1)
```

C4	▼	:	× ✓	fx	=DAY(A1)
▲	A	B	C	D	E
1	2058/10/18				
2					
3	年	月	日		
4	2058	10	18		
5					

如果要在上图所示的A1单元格中，根据A4、B4和C4单元格中的数据返回具体的是日期，可以使用以下公式：

```
=DATE(A4,B4,C4)
```

A1	▼	:	× ✓	fx	=DATE(A4,B4,C4)
▲	A	B	C	D	E
1	2072/3/26				
2					
3	年	月	日		
4	2072	3	26		
5					

6 时间函数

Excel 提供了多个时间函数，主要由HOUR、MINUTE、SECOND、NOW、TIME和TIMEVALUE这6个函数组成，用于处理时间对象，完成返回时间值、转换时间格式等与时间有关的分析和操作。

🔹 HOUR函数用于返回某一时间值或代表时间的序列数所对应的小时数，其返回值为0(12:00AM)~23(11:00PM)之间的整数。

🔹 MINUTE函数用于返回某一时间值或代表时间的序列数所对应的分钟数，其返回值为0~59之间的整数。

🔹 NOW函数用于返回计算机系统内部时钟的当前时间。

🔹 SECOND函数用于返回某一时间值或代表时间的序列数所对应的秒数，其返回值为0~59之间的整数。

🔹 TIME函数用于将指定的小时、分钟和秒合并为时间，或者返回某一特定时间的小数值。

🔹 TIMEVALUE函数用于将字符串表示的时间转换为该时间对应的序列数字(即小数值)，其值为0~0.999999999的数值，代表从0:00:00(12:00:00 AM)~23:59:59(11:59:59 PM)之间的时间。

下面列举几个时间函数的使用方法。

在单元格中使用以下公式，可以生成当前系统日期和时间：

```
=NOW()
```

A1	▼	:	× ✓	fx	=NOW()
▲	A	B	C	D	E
1	2017/7/12 10:07				
2					
3					

如果要在上图B1单元格中计算17个小时后的时间，可以使用公式：

```
="2017/7/12 10:05"+TIME(17,0,0)
```

如果在上图B1单元格中输入以下公式，则可以显示时间值的小时数：

```
=HOUR(A1)
```

A2		:	×	✓	f_x	=HOUR(A1)

▲	A	B	C	D	E
1	2017/7/12 10:06				
2	10				
3					

如果在上图B1单元格中输入以下公式，则可以显示时间值的分钟数：

```
=MINUTE(A1)
```

7 财务函数

财务函数主要分为投资函数、折旧函数、本利函数和回报率函数4类，它们为财务分析提供了极大的便利。下面介绍几种常用的财务函数：

🔹AMORDEGRC函数用于返回每个会计期间的折旧值(该函数为法国会计系统提供)。

🔹AMORLINC函数用于返回每个会计期间的折旧值。

🔹DB函数可以使用固定余额递减法计算一笔资产在给定时间内的折旧值。

🔹FV函数可以基于固定利率及等额分期付款方式，返回某项投资的未来值。

以一个投资20000元的项目为例，预计该项目可以实现的年回报率为8%，3年后可获得的资金总额，可以在下图中的B5单元格中使用以下公式来计算：

```
=FV(B3,B4,,-B2)
```

B5		▼	:	×	✓	f_x	=FV(B3,B4,,-B2)

▲	A	B	C	D	E
1	计算投资回报				
2	投资额	20000			
3	年利率	8%			
4	期限	3			
5	终值	¥25,194.24			
6					

8 统计函数

在使用Excel时，常用的统计函数有以下几种。

🔹AVEDEV函数用于返回一组数据与其均值的绝对偏差的平均值，该函数可以评测这组数据的离散度。

🔹COUNT函数用于返回数字参数的个数，即统计数组或单元格区域中含有数字的单元格个数。

🔹COUNTBLANK函数用于计算指定单元格区域中空白单元格的个数。

🔹MAX函数用于返回一组值中的最大值。

🔹MIN函数用于返回一组值中的最小值。

下面列举两个统计函数的使用方法。

以下图所示的考试成绩表为例，如果要统计参加考试的学生人数，可以在B6单元格中使用以下公式：

```
=COUNT(A3:D4)
```

该公式将统计A3:D4区域中包含数字的单元格数量。

B6		▼	:	×	✓	f_x	=COUNT(A3:D4)

▲	A	B	C	D	E	F
1	统计参加测验的学生数量					
2	姓名	成绩	姓名	成绩		
3	蒋海峰	92	姚志俊	87		
4	季黎杰		陆金星	93		
5						
6	人数	3				

如果用户要在上图所示的表格中统计考试成绩最高的分数，可以使用以下公式：

```
=MAX(A3:D4)
```

如果用户要在的表格中统计考试成绩最低的分数，可以使用以下公式：

```
=MIN(A3:D4)
```

9 引用函数

在使用Excel时，常用的引用函数有以

下几种。

🔹 ADDRESS函数用于按照给定的行号和列标，建立文本类型的单元格地址。

🔹 COLUMN函数用于返回引用的列标。

🔹 INDIRECT函数用于返回由文本字符串指定的引用。

🔹 ROW函数用于返回引用的行号。

在下图表格的A2:A4区域中使用以下函数，可以生成连续的序号：

=ROW(A1)

A3		×	✓	fx	=ROW(A1)	
A	B	C	D	E	F
1	期末成绩表				
2	编号	姓名	语文	数学	英语	总分
3	1	蒋海峰	80	119	108	307
4	2	季黎杰	92	102	81	319
5	3	姚志俊	95	92	80	322
6	4	陆金星	102	116	95	329
7	5	龚景勋	102	101	117	329
8	6	张悦熙	113	108	110	340
9						

此时，若右击第4行，在弹出的菜单中选择【插入】命令插入新行，原先设置的序号将不会由于行数的变化而混乱。

A	B	C	D	E	F
1	期末成绩表				
2	编号	姓名	语文	数学	英语	总分
3	1	蒋海峰	80	119	108	307
4						
5	2	季黎杰	92	102	81	319
6	3	姚志俊	95	92	80	322
7	4	陆金星	102	116	95	329
8	5	龚景勋	102	101	117	329
9	6	张悦熙	113	108	110	340
10						

10 查找函数

在使用Excel时，常用的查找函数有以下几种。

🔹 AREAS函数用于返回引用中包含的区域(连续的单元格区域或某个单元格)个数。

🔹 RTD函数用于从支持COM自动化的程序中检索实时数据。

🔹 CHOOSE函数用于从给定的参数中返回指定的值。

🔹 VLOOKUP和HLOOKUP函数是用户在表格中查找数据时使用频率最高的函数。这两个函数可以实现一些简单的数据查询，例如从考试成绩表中查询一个学生的姓名、在电话簿中查找某个联系人的电话号码等。

在学生成绩表中的G3单元格中输入以下公式：

=VLOOKUP(G2,$A$1:$D$7,2)

G3		×	✓	fx	=VLOOKUP(G2,$A$1:$D$7,2)		
A	B	C	D	E	F	G	H
1	学号	姓名	语文	数学		数据查找实例	
2	1001	蒋海峰	80	119		查询学号	1005
3	1002	季黎杰	92	102		查询姓名	龚景勋
4	1003	姚志俊	95	92			
5	1004	陆金星	102	116			
6	1005	龚景勋	102	101			
7	1006	张悦熙	113	108			
8							

6.6 使用命名公式——名称

本节将重点介绍对单元格引用、常量数据、公式进行命名的方法与技巧，帮助用户认识并了解名称的分类和用途，以便合理运用名称解决公式计算中的具体问题。

6.6.1 认识名称

在Excel中，名称是一种比较特殊的公式，多数由用户自行定义，也有部分名称可以随创建列表、设置打印区域等操作自动产生。

1 名称的概念

作为一种特殊的公式，名称也是以"="开始，可以由常量数据、常量数组、单元格引用、函数与公式等元素组成，并且每个名称都具有一个唯一的标识，可以方便在其他名称或公式中使用。与一般公式有所不同的是，普通公式存在于单元格中，名称保存在工作簿中，并在程序运行时存在于Excel的内存中，通过其唯一标识(名称的命名)进行调用。

2 名称的作用

在Excel中合理地使用名称，可以方便编写公式，主要有以下几个作用。

💡 增强公式的可读性：例如将存放在B4：B7单元格区域的考试成绩定义为"语文"，使用以下两个公式可以求语文的平均成绩，显然公式1比公式2更易于理解。

公式1：

=AVERAGE(语文)

公式2

=AVERAGE(B4：B7)

💡 方便公式的统一修改：例如在工资表中有多个公式都使用2000作为基本工资以乘以不同奖金系数进行计算，当基本工资额发生改变时，要逐个修改相关公式将较为繁琐。如果定义一个【基本工资】的名称并带入到公式中，则只需要修改名称即可。

💡 可替代需要重复使用的公式：在一些比较复杂的公式中，可能需要重复使用相同的公式段进行计算，导致整个公式冗长，不利于阅读和修改，例如：

=IF(SUM($B4:$B7)=0,0,G2/SUM($B4:$B7))

将以上公式中的SUM($B4:$B7)部分定义为"库存"，则公式可以简化为：

=IF(库存 =0,0,G2/ 库存)

💡 可替代单元格区域存储常量数据：在一些查询计算机中，常常使用关系对应表作为查询依据。可使用常量数组定义名称，省去了单元格存储空间，避免删除或修改等误操作导致关系对应表的缺失或者变动。

💡 可解决数据有效性和条件格式中无法使用常量数组、交叉引用问题：在数据有效性和条件格式中使用公式，程序不允许直接使用常量数组或交叉引用(即使用交叉运算符空格获取单元格区域交集)，但可以将常量数组或交叉引用部分定义为名称，然后在数据有效性和条件格式中进行调用。

💡 可以解决工作表中无法使用宏表函数问题：宏表函数不能直接在工作表单元格中使用，必须通过定义名称来调用。

3 名称的级别

有些名称在一个工作簿的所有工作表中都可以直接调用，而有些名称只能在某一个工作表中直接调用。这是由于名称的级别不同，其作用的范围也不同。类似于在VBA代码中定义全局变量和局部变量，Excel的名称可以分为工作簿级名称和工作表级名称。

一般情况下，用户定义的名称都能够在同一工作簿的各个工作表中直接调用，称为"工作簿级名称"或"全局名称"。例如，在工资表中，某公司采用固定基本工资和浮动岗位、奖金系数的薪酬制度。基本工资仅在有关工资政策变化时才进行调整，而岗位系数和奖金系数则变动较为频繁。因此需要将基本工资定义为名称进行维护。

【例6-11】在"工资表"中创建一个名为"基本工资"的工作簿级名称。
🎬 视频+素材 (光盘素材\第06章\例6-11)

01 打开工作表后，选择【公式】选项卡，在【定义的名称】命令组中单击【定义的名称】下拉按钮，在弹出的列表中选择【定义名称】选项。

02 打开【新建名称】对话框，在【名

称】文本框中输入【基本工资】，在【引用位置】文本框中输入"=3000"，然后单击【确定】按钮。

03 选择E2单元格，在编辑栏中执行以下公式：

= 基本工资 *D2

	A	B	C	D	E	F	G
1	编号	姓名	部门	岗位系数	岗位工资	奖金系数	奖金
2	1121	李亮辉	市场部	1.2	3600	1.5	
3	1122	林雨馨	售前中心	1		1.2	
4	1123	莫静静	售前中心	1		1.2	
5	1124	刘乐乐	市场部	1.2		1.5	

04 拖动E2单元格右下角的控制柄，将公式引用至E5单元格。

05 选择E2：E5单元格区域，按下Ctrl+C组合键，选择G2：G5单元格区域，按下Ctrl+V组合键。

	A	B	C	D	E	F	G
1	编号	姓名	部门	岗位系数	岗位工资	奖金系数	奖金
2	1121	李亮辉	市场部	1.2	3600	1.5	4500
3	1122	林雨馨	售前中心	1	3000	1.2	3600
4	1123	莫静静	售前中心	1	3000	1.2	3600
5	1124	刘乐乐	市场部	1.2	3600	1.5	4500

在【新建名称】对话框中，【名称】文本框中的字符表示名称的命名，【范围】下拉列表中可以选择工作簿和具体工作表两种级别，【引用位置】文本框用于输入名称的值或定义公式。

在公式中调用其他工作簿中的全局名称，表示方法为：

工作簿全名 + 半角感叹号 + 名称

例如，若用户需要调用"工作表.xlsx"中的全局名称"基本工资"，应使用：

= 工资表 .xlsx! 基本工资

当名称仅能在某一个工作表中直接调用时，所定义的名称为工作表级名称，又称为"局部名称"。在【新建名称】对话框中，单击【范围】下拉列表，在弹出的下拉列表中可以选择定义工作表级名称所使用的工作表。

在公式中调用工作表级名称的表示方法如下：

工作表名 + 半角感叹号 + 名称

Excel允许工作表级、工作簿级名称使用相同的命名。当存在同名的工作表级和工作簿级名称时，在工作表级名称所在的工作表中，调用的名称为工作表级名称，在其他工作表中调用的为工作簿级名称。

6.6.2 定义名称

本节将介绍在Excel中定义名称的方法和对象。

1 定义名称的方法

Excel提供了以下几种方式打开【新建名称】对话框：

● 选择【公式】选项卡，在【定义的名称】命令组中单击【定义名称】按钮。

● 选择【公式】选项卡，在【定义的名称】命令组中单击【名称管理器】按钮，打开【名称管理器】对话框后单击【新建】按钮。

按下Ctrl+F3组合键打开【名称管理器】对话框，然后单击【新建】按钮。

打开下图所示的"工资表"后，选中A2：A5单元格区域，将鼠标指针放置在【名称框】中，将其中的内容修改为编号，并按下Enter键，即可将A2：A5单元格区域定义名称为"编号"。

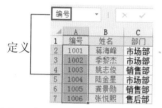

使用【名称框】可以方便地将单元格区域定位为名称，默认为工作簿级名称，若用户需要定义工作表级名称，需要在名称前加工作表名和感叹号，例如：

Sheet1! 编号

如果用户需要对表格中多行单元格区域按标题、列定义名称，可以使用以下操作方法。

01 选择"成绩表"中B1：E5单元格区域，选择【公式】选项卡，在【定义的名称】命令中单击【根据所选内容创建】按钮，或者按下Ctrl+Shift+F3键。

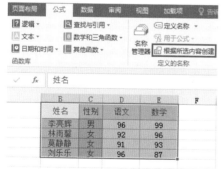

02 打开【以选定区域创建名称】对话框，选中【首行】复选框并取消其他复选框的选中状态，然后单击【确定】按钮。

03 选择【公式】选项卡，在【定义的公式】命令组中单击【名称管理器】按钮，打开【名称管理器】对话框，可以看到以【首行】单元格中的内容命名的4个名称。

2 定义名称的对象

有些工作表由于需要按照规定的格式，要计算的数据存放在不连续的多个单元格区域中，在公式中直接使用合并区域引用让公式的可读性变弱。此时可以将其定义为名称来调用。

【例6-12】在降雨量统计表中的H5:H8单元格区域统计最高、最低、平均值以及降雨天数统计。

视频+素材 (光盘素材\第06章\例6-12)

01 按住Ctrl键，选中B3：B7、D3：D7和F3：F4单元格区域，在名称框中输入"降雨量"，按下回车键。

	A	B	C	D	E	F	G
1	降雨量调查表						
2	日期	降雨量	日期	降雨量	日期	降雨量	
3	1	160	7	53	12	38	
4	2		8	67	13	190	
5	3	23	9				
6	4	176	10	211	最高值		
7	5		11		最低值		
8					平均值		
9					天数统计		

02 在F6单元格中输入公式：

=MAX(降雨量)

03 在F7单元格中输入公式：

=MIN(降雨量)

04 在F8单元格中输入公式：

=AVERAGE(降雨量)

05 在F9单元格中输入公式：

=COUNT(降雨量)

06 完成以上公式的执行后，即可在F6:F9单元格区域中得到相应的结果。

	A	B	C	D	E	F
1	降雨量调查表					
2	日期	降雨量	日期	降雨量	日期	降雨量
3	1	160	7	53	12	38
4	2		8	67	13	190
5	3	23	9			
6	4	176	10	211	最高值	211
7	5		11		最低值	23
8					平均值	114.75
9					天数统计	8
10						

（F9 | × ✓ fx =COUNT(降雨量) ）

在名称中使用交叉运算符(单个空格)的方法与在单元格的公式中一样，例如要定义一个名称"降雨量"，使其引用Sheet1工作表的B3：B7、D3：D7单元格区域，打开【新建名称】对话框，在【引用位置】文本中输入：

=Sheet1!$B$3:$B$7 Sheet1!$D$3:$D$7

或者单击【引用位置】文本框后的国按钮，选取B3：B7单元格区域，自动将"=Sheet1!$B$3:$B$7"应用到文本框，按下空格键输入一个空格，再使用鼠标选取D3：D7单元格区域，单击【确定】按钮退出对话框。

如果用户需要在整个工作簿中多次重复使用相同的常量，如产品利润率、增值税率、基本工资额等，将其定义为一个名

称并在公式中使用名称，将可以使公式修改、维护变得方便。

【例6-13】 在某公司的经营报表中，需要在多个工作表的多处公式中计算应缴税额(3%税率)，当这个税率发生变动时，可以定义一个名称"税率"，以便公式调用和修改。 📹视频▶

---

01 选择【公式】选项卡，在【定义的名称】命令组中单击【定义名称】按钮，打开【新建名称】对话框。

02 在【名称】文本框中输入【税率】，在【引用位置】文本框中输入：

=3%

03 在【备注】文本框中输入备注内容"税率为3%"，然后单击【确定】按钮即可。

在单元格中存储查询所需的常用数据，可能影响工作表的美观，并且会由于误操作(例如删除行、列操作，或者数据单元格区域选取时不小心按到键盘造成的数据意外修改)导致查询结果的错误。这时，可以在公式中使用常量数组或定义名称让公式更易于阅读和维护。

【例6-14】 某公司销售产品按单批检验的不良率评定质量等级，其标准不良率小于1.5%、5%、10%的分别算特级、优质、一般，达到或超过10%的为劣质。
📹视频+素材▶ (光盘素材\第06章\例6-14)

---

01 打开工作表后，选择【公式】选项卡，在【定义的名称】命令组中单击【定义名称】按钮，打开【新建名称】对话框。

02 在【名称】文本框中输入"评定"，在【引用位置】文本框中输入以下等号和常量数组：

={0," 特级 ";1.5," 优质 ";5," 一般 ";10," 劣质 "}

03 在D3单元格中输入以下公式：

=LOOKUP(C3*100, 评定)

其中，C3单元格为百分比数值，因此需要"*100"后查询。

D3			fx	=LOOKUP(C3*100,评定)	
	A	B	C	D	E	F
1	产品一览					
2	编号	产品型号	不良率	等级评定		
3	1	台灯01	1.8%	优质		
4	2	台灯02	11.0%			
5	3	台灯03	5.2%			
6	4	台灯04	13.3%			
7	5	台灯05	6.8%			

04 双击填充柄，向下复制到D7单元格，即可将公式填充至D4:D7区域。

3 定义名称的技巧

在名称中使用鼠标选取方式输入单元格引用时，默认使用带工作表名称的绝对引用方式，例如单击【引用位置】文本框右侧的 按钮，然后单击选择Sheet1工作表中的A1单元格，相当于输入"=Sheet1A$1"。当需要使用相对引用或混合引用时，用户可以通过按下F4键切换。

在单元格中的公式内使用相对引用，是与公式所在单元格形成相对位置关系；在名称中使用相对引用，则是与定义名称时活动单元格形成相对位置关系。例如当B1单元格是当前活动单元格时，创建名称"降雨量"，定义中使用公式并相对引用A1单元格，则在C1输入=降雨量时，是调用B1而不是A1单元格。

默认情况下，在【新建名称】对话框的【引用位置】文本框中使用鼠标指定单元格引用时，将以带工作表名称的完整的绝对引用方式生成定义公式，例如：

= 三季度 !A$$1

当需要在不同工作表引用各自表中的某个特定单元格区域，例如一季度、二季度等工作表中，也需要引用各自表中的A1单元格时，可以使用"缺省工作表名的单元格引用"方式来定义名称，即手工删除工作表名但保留感叹号，实现"工作表名"的相对引用。

在名称中对单元格区域的引用，即使是绝对引用，也可能因为数据所在单元格区域的插入行(列)、删除行(列)、剪切操作等而发生改变，导致名称与实际期望引用的区域不相符。

如下图所示，将单元格D2：D5定义为名称"语文"，默认为绝对引用。将第2行整行剪切后，在第6行执行【插入剪切的单元格】命令，再打开【名称管理器】对话框，就会发现"语文"引用的单元格区域由D2：D5变为D2：D4。

如果用户需要永恒不变地引用"学生成绩表"工作表中的D2：D5单元格区域，可以将名称"语文"的【引用位置】改为：

=INDIRECT(" 学生成绩表 !D2:D5")

若希望这个名称能够在各个工作表分别引用各自的D2：D5单元格区域，可以将"语文"的【引用位置】改为：

```
=INDIRECT("D2:D5")
```

6.6.3 管理名称

Excel提供"名称管理器"功能，可以帮助用户方便地进行名称的查询、修改、筛选、删除操作。

1 名称的修改与标注

在Excel中，选择【公式】选项卡，在【定义的名称】命令组中单击【名称管理器】按钮，或者按下Ctrl+F3键，可以打开【名称管理器】对话框。

在【名称管理器】对话框中选中名称（例如"评定"），单击【编辑】按钮，可以打开【编辑名称】对话框，在【名称】文本框中修改名称的命名。

完成名称命名的修改后，在【编辑

名称】对话框中单击【确定】按钮，返回【名称管理器】对话框，单击【关闭】按钮。

与修改名称的命名操作相同，如果用户需要修改名称的引用位置，可以打开【编辑名称】对话框，在【引用位置】文本框中输入新的引用位置公式即可。

在编辑【引用位置】文本框中的公式时，按下方向键或Home、End以及使用鼠标单击单元格区域，都会将光标激活的单元格区域以绝对引用方式添加到【引用位置】的公式中。这是由于【引用位置】编辑框在默认状态下是"点选"模式，按下方向键只是对单元格进行操作。按下F2键切换到"编辑"模式，就可以在编辑框的公式中移动光标，修改公式。

如果用户需要将工作表级名称更改为工作簿级名称，可以打开【编辑名称】对话框，复制【引用位置】文本框中的公式，然后单击【名称管理器】对话框中的【新建】按钮，新建一个同名不同级别的名称，然后单击【删除】按钮将旧名称删除。反之，工作簿级名称修改为工作表级名称也可以使用相同的方法操作。

2 筛选和删除错误名称

当用户不需要使用名称或名称出现错误无法使用时，可以在【名称管理器】对话框中进行筛选和删除操作，方法如下。

01 打开【名称管理器】对话框，单击【筛选】下拉按钮，在弹出的下拉列表中选择【有错误的名称】选项。

02 此时，在筛选后的名称管理器中，将显示存在错误的名称。选中该名称，单击【删

除】按钮，再单击【关闭】按钮即可。

此外，在名称管理器中用户还可以通过筛选，显示工作簿级名称或工作表级名称、定义的名称或表名称。

3 在单元格中查看名称中的公式

在【名称管理器】对话框中，虽然用户也可以查看各名称使用的公式，但受限于对话框，有时并不方便显示整个公式。用户可以将定义的名称全部在单元格中罗列出现。

如下图所示，选择需要显示公式的单元格，按下F3键或者选择【公式】选项卡，在【定义的名称】命令组中单击【用于公式】按钮，从弹出的列表中选择【粘贴名称】选项，将以一列名称、一列文本公式形式粘贴到单元格区域中。

6.6.4 使用名称

本节将介绍在实际工作中调用名称的各种方法。

1 在公式中使用名称

当用户需要在单元格的公式中调用名

称时，可以选择【公式】选项卡，在【定义的名称】命令组中单击【用于公式】下拉按钮，在弹出的下拉列表中选择相应的名称，也可以在公式编辑状态手动输入，名称也将出现在"公式记忆式键入"列表中。

例如，工作簿中定义了营业税的税率，名称为"营业税的税率"，在单元格中输入其开头"营业"或"营"，该名称即可出现在【公式记忆式键入】列表中。

2 在图表中使用名称

Excel支持使用名称来绘制图表，但在制定图表数据源时，必须使用完整名称格式。例如在名为"降雨量调查表"的工作簿中定义了工作簿级名称"降雨量"。在【编辑数据系列】对话框【系列值】编辑框中，输入完整的名称格式，即工作簿名+感叹号+名称。

=降雨量调查表.xlsx!降雨量

如果直接在上图所示的【系列值】文本框中输入"=降雨量"，将弹出如下图所示的警告对话框。

6.7 排序表格数据

数据排序是指按一定规则对数据进行整理、排列，这样可以为数据的进一步处理做好准备。Excel提供了多种方法对数据清单进行排序，可以按升序、降序的方式，也可以由用户自定义排序。

Office 2016电脑办公 入门与进阶

6.7.1 单一条件排序数据

在数据量相对较少(或排序要求简单)的工作簿中，用户可以设置一个条件对数据进行排序处理，具体方法如下。

【例6-15】在【进货记录表】工作表中按单一条件排序表格数据。

视频+素材 (光盘素材\第06章\例6-15)

01 打开工作表后选中D3:D14单元格区域，然后选择【数据】选项卡，在【排序和筛选】组中单击【升序】按钮。

02 此时，在工作表中显示排序后的数据，即按从低到高的顺序重新排列。

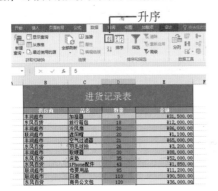

6.7.2 多个条件排序数据

在Excel中，按多个条件排序数据可以有效避免排序时出现多个数据相同的情况，从而使排序结果符合工作的需要。

【例6-16】在【成绩表】工作表中按多个条件排序表格数据。

视频+素材 (光盘素材\第06章\例6-16)

01 打开【成绩】工作表后，选中B3:E18单元格区域，然后选择【数据】选项卡，单击【排序和筛选】组中的【排序】按钮。

02 在打开的【排序】对话框中单击【主

要关键字】按钮，在弹出的下拉列表中选中【语文】选项；单击【排序依据】按钮，在弹出的下拉列表中选中【数值】选项；单击【次序】下拉列表按钮，在弹出的下拉列表中选中【升序】选项。

03 单击【添加条件】按钮，添加次要关键字，单击【次要关键字】按钮，在弹出的下拉列表中选中【数学】选项；单击【排序依据】按钮，在弹出的下拉列表中选中【数值】选项；单击【次序】按钮，在弹出的下拉列表中选中【升序】选项。

04 完成以上设置后，在【排序】对话框中单击【确定】按钮，即可按照"语文"和"数学"成绩的"升序"条件排序工作表中选定的数据。

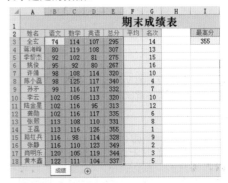

6.7.3 自定义条件排序数据

在Excel中，用户除了可以按单一或多

136

个条件排序数据，还可以根据需要自行设置排序的条件，即自定义条件排序。

【例6-17】在【公司情况】工作表中自定义排序【性别】列数据。
视频+素材 (光盘素材\第06章\例6-17)

01 打开【公司情况】工作表后，选中B4:B18单元格区域。

02 选择【数据】选项卡，单击【排序和筛选】组中的【排序】按钮，并在打开的提示对话框中单击【排序】按钮。

03 在打开的【排序】对话框中单击【主要关键字】下拉列表按钮，在弹出的下拉列表中选中【性别】选项；单击【次序】下拉列表按钮，在弹出的下拉列表中选中【自定义序列】选项。

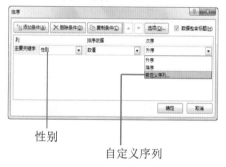

性别

自定义序列

04 在打开的【自定义序列】对话框的【输入序列】文本框中输入自定义排序条

件"男，女"后，单击【添加】按钮，然后单击【确定】按钮。

05 返回【排序】对话框后，在该对话框中单击【确定】按钮，即可完成自定义排序操作，结果如下图所示。

	A	B	C
3	姓 名	性别	出 生 日 期
4	林海涛	男	1955年8月28日
5	方 杰	男	1958年5月23日
6	郭建华	男	1967年6月30日
7	汪 涛	男	1965年4月23日
8	刘海洋	男	1945年1月2日
9	曲 括	男	1945年6月24日
10	马 捷	男	1964年10月5日
11	刘小斌	男	1958年4月15日
12	孙德华	男	1974年7月25日
13	吕 倩	女	1956年7月8日
14	李 莉	女	1950年11月30日
15	李国良	女	1976年12月10日
16	钱 晨	女	1974年12月23日
17	高 明	女	1963年9月30日
18	刘浩强	女	1951年9月20日

按男在前女在后的顺序排序数据

6.8 筛选表格数据

筛选是一种用于查找数据清单中数据的快速方法。经过筛选后的数据清单只显示包含指定条件的数据行，以供用户浏览、分析之用。

6.8.1 自动筛选数据

使用Excel 2016自带的筛选功能，可以快速筛选表格中的数据。筛选为用户提供了从具有大量记录的数据清单中快速查找符合某种条件记录的功能。使用筛选功能筛选数据时，字段名称将变成一个下拉列表框的框名。

【例6-18】在【成绩表】工作表中自动筛选出总分最高的3条记录。
视频+素材 (光盘素材\第06章\例6-18)

01 打开【人事档案】工作表，选中E3:E18单元格区域。

02 单击【数据】选项卡【排序和筛选】组中的【筛选】按钮，进入筛选模式，在E3单元格中显示筛选条件按钮。

03 单击E3单元格中的筛选条件按钮，在弹出的菜单中选中【数字筛选】|【前10项】命令。

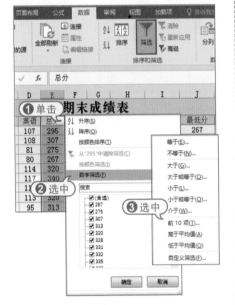

04 在打开的【自动筛选前10个】对话框中单击【显示】下拉列表按钮，在弹出的下拉列表中选中【最大】选项，然后在其后的文本框中输入参数3。

05 完成以上设置后，在【自动筛选前10个】对话框中单击【确定】按钮，即可筛选出"总分"列中数值最大的3条数据记录，结果如下图所示。

6.8.2 多条件筛选数据

对筛选条件较多的情况，可以使用高级筛选功能来处理。

使用高级筛选功能，必须先建立一个条件区域，用来指定筛选的数据所需满足的条件。条件区域的第一行是所有作为筛选条件的字段名，这些字段名与数据清单中的字段名必须完全一致。条件区域的其他行则是筛选条件。需要注意的是，条件区域和数据清单不能连接，必须用一个空行将其隔开。

【例6-19】 在【成绩表】工作表中筛选出语文成绩大于100分，数学成绩大于110分的数据记录。

📀 视频+素材 (光盘素材\第06章\例6-19)

01 打开【成绩】工作表后，单击【排序和筛选】组中的【高级】按钮。

02 打开【高级筛选】对话框，单击【列表区域】文本框后的按钮。

03 在工作表中选中A2:G18单元格区域，然后按下回车键。

04 返回【高级筛选】对话框后，单击【条件区域】文本框后的按钮，然后选中E20:G21区域，按下回车键。

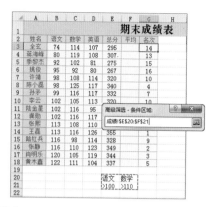

05 返回【高级筛选】对话框，单击【确定】按钮，即可筛选出表格中"语文"成绩大于100分，"数学"成绩大于110分的数据记录，效果如下图所示。

	A	B	C	D	E	F	G	H
1					期末成绩表			
2	姓名	语文	数学	英语	总分	平均	名次	
11	陆金星	102	116	95	313		12	
12	龚勋	102	116	117	335		6	
14	王磊	113	116	126	355		1	
18	黄木鑫	122	111	104	337		5	
19								
20				语文	数学			
21				>100	>110			
22								

用户在对电子表格中的数据进行筛选或者排序操作后，如果要清除操作，重新显示电子表格的全部内容，可以在【数据】选项卡的【排序和筛选】组中单击【清除】按钮。

6.8.3 筛选不重复值

重复值是用户在处理表格数据时常遇到的问题，使用高级筛选功能可以得到表格中的不重复值(或不重复记录)。

【例6-20】在【成绩表】工作表中筛选出语文成绩不重复的记录。
视频+素材 (光盘素材\第06章\例6-20)

01 打开【成绩表】工作表，然后单击【数据】选项卡【排序和筛选】组中的【高级】按钮。在打开的【高级筛选】对话框中选中

【选择不重复的记录】复选框，然后单击【列表区域】文本框后的按钮。

02 选中B3:B18单元格区域，然后按下Enter键。

03 返回【高级筛选】对话框后，单击【确定】按钮，即可筛选出工作表中"语文"成绩不重复的数据记录。

6.8.4 模糊筛选数据

有时，筛选数据的条件可能不够精确，只知道其中某一个字或内容。用户可以用通配符来模糊筛选表格内的数据。

【例6-21】在【成绩表】工作表中筛选出姓"张"且名字包含3个字的数据。
视频+素材 (光盘素材\第06章\例6-21)

01 打开【成绩表】工作表，然后选中A2:A18单元格区域，并单击【数据】选项卡【排序和筛选】组中的【筛选】按钮，进入筛选模式。

02 单击A2单元格中的筛选条件按钮，在弹出的菜单中选择【文本筛选】|【自定义筛选】命令。

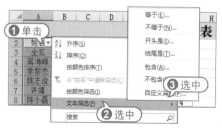

03 在打开的【自定义自动筛选方式】对话框中单击【姓名】下拉列表按钮，在弹出的下拉列表中选中【等于】选项，并在其后的文本框中输入"张??"。

04 单击【确定】按钮，即可筛选出姓名为"张"，且名字包含3个字的数据记录。

6.9 设置分类汇总

分类汇总数据，即在按某一条件对数据进行分类的同时，对同一类别中的数据进行统计运算。分类汇总被广泛应用于财务、统计等领域，用户要灵活掌握其使用方法，并掌握创建、隐藏、显示以及删除它的方法。

6.9.1 创建分类汇总

Excel可以在数据清单中自动计算分类汇总及总计值。用户只需指定需要进行分类汇总的数据项、待汇总的数值和用于计算的函数(例如，求和函数)即可。如果使用自动分类汇总，工作表必须组织成具有列标志的数据清单。在创建分类汇总之前，用户必须先根据需要进行分类汇总的数据列对数据清单排序。

【例6-22】在【进货记录表】工作表中将"金额"按供应商分类，并汇总各供应商的进货总金额。

🎬 视频+素材 (光盘素材\第06章\例6-22)

01 打开【进货记录表】工作表，然后选中【供应商】列。选择【数据】选项卡，在【排序和筛选】组中单击【升序】按钮。

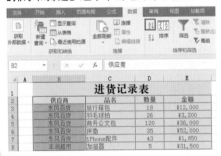

02 选择工作表中的任意一个单元格，在【数据】选项卡的【分级显示】组中单击【分类汇总】按钮。

03 在打开的【分类汇总】对话框中单击【分类字段】下拉列表按钮，在弹出的下拉列表中选中【供应商】选项；单击【汇总方式】下拉列表按钮，在弹出的下拉列表中选中【求和】选项；分别选中【替换当前分类汇总】复选框和【汇总结果显示在数据下方】复选框。

04 在【分类汇总】对话框中单击【确定】按钮，即可查看表格分类汇总后的效果。

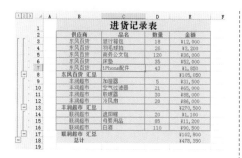

6.9.2 隐藏和删除分类汇总

用户在创建了分类汇总后，为了方便查阅，可以将其中的数据进行隐藏，并根据需要在适当的时候显示出来。

1 隐藏分类汇总

为了方便用户查看数据，可将分类汇总后暂时不需要使用的数据隐藏，从而减小界面的占用空间。当需要查看时，再将其显示，方法如下。

01 在【例6-22】创建的工作表中选中B3单元格，然后在【数据】选项卡的【分级显示】组中单击【隐藏明细数据】按钮。

隐藏明细数据

02 此时，将隐藏"东风百货"供应商的详细数据，效果如下。

03 重复以上操作，分别选中B9、B14单元格，隐藏"丰润超市"和"联润超市"供应商的详细记录。

04 选中B8单元格，然后单击【数据】选项卡【分级显示】组中的【显示明细数据】按钮，即可重新显示"东风百货"供应商的详细数据。

显示明细数据

2 删除分类汇总

查看完分类汇总后，若用户需要将其删除，可以在Excel中删除分类汇总，方法是：在【数据】选项卡中单击【分类汇总】按钮，在打开的【分类汇总】对话框中，单击【全部删除】按钮即可。

6.10 使用数据透视表

数据透视表允许用户使用特殊的、直接的操作分析Excel表格中的数据，对于创建好的数据透视表，用户可以灵活重组其中的行字段和列字段，从而实现修改表格布局，达到"透视"效果的目的。

1 认识数据透视表

数据透视表是用来从Excel数据列表、关系数据库文件或OLAP多维数据集中的特殊字段中总结信息的分析工具。它是一种交互式报表，可以快速分类汇总、比较大量的数据，并可以随时选择其中页、行和列中的不同元素，以达到快速查看源数据的不同统计结果，同时还可以随意显示和打印出指定区域的明细数据。

数据透视表有机地综合了数据排序、筛选、分类汇总等数据分析的优点，可以方便地调整分类汇总的方式，灵活地以多种不同方式展示数据的特征。一张"数据透视表"仅靠鼠标移动字段位置，即可变换出各种类型的报表。

2 数据透视表的用途

数据透视表是一种对大量数据快速汇总和建立交叉列表的交互式动态表格，能够帮助用户分析、组织数据。例如，计算平均数或标准差、建立列联表、计算百分比、建立新的数据子集等。建好数据透视表后，用户可以对数据透视表重新安排，以便从不同的角度查看数据。数据透视表的名字来源于它具有"透视"表格的能力，从大量看似无关的数据中寻找背后的联系，从而将繁杂的数据转化为有价值的数据。

6.10.1 应用数据透视表

在Excel中，用户要应用数据透视表，首先要学会如何创建它。在实际工作中，为了让数据透视表更美观，更符合工作簿的整体风格，用户还需要掌握设置数据透视表格式的方法，包括设置数据汇总、排序数据透视表、显示与隐藏数据透视表等。

1 创建数据透视表

在Excel 2016中，用户可以参考以下实例所介绍的方法，创建数据透视表。

【例6-23】在【销售情况表】工作表中创建数据透视表。
视频+素材 (光盘素材\第06章\例6-23)

01 打开【销售情况表】工作表，选中A2:E10，选择【插入】选项卡，单击【表格】组中的【数据透视表】按钮。

02 在打开的【创建数据透视表】对话框中选中【现有工作表】单选按钮，然后单击按钮。

03 单击A12单元格，然后按下回车键。

04 返回【创建数据透视表】对话框后，在该对话框中单击【确定】按钮。在显示的【数据透视表字段】窗格中，选中需要在数据透视表中显示的字段。

05 最后，单击工作表中的任意单元格，关闭【数据透视表字段列表】窗口，完成数据透视表的创建。

2 设置数据汇总

数据透视表中默认的汇总方式为求和汇总，除此之外，用户还可以手动为其设置求平均值、最大值等汇总方式。

【例6-24】在【销售情况表】工作表中设置数据的汇总方式。

视频+素材 (光盘素材\第06章\例6-24)

01 继续【例6-23】的操作，右击数据透视表中的C12单元格，在弹出的菜单中选择【值汇总依据】|【平均值】命令。

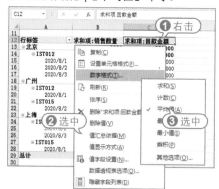

02 此时，数据透视表中的数据将随之发生变化。

3 隐藏/显示明细数据

当数据透视表中的数据过多时，可能会不利于阅读者查阅，此时，通过隐藏和显示明细数据，可以设置只显示需要的数据。

【例6-25】在【销售情况表】工作表中设置隐藏与显示数据。

视频+素材 (光盘素材\第06章\例6-25)

01 继续【例6-24】的操作，选中并右击A14单元格，在弹出的菜单中选择【展开/折叠】|【折叠】命令。

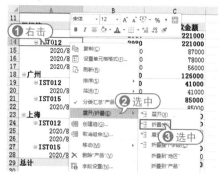

02 此时，即可隐藏数据透视表中相应的明细数据。

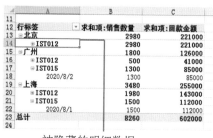

被隐藏的明细数据

03 单击隐藏数据前的 ⊞ 按钮，即可将明细数据重新显示。

4 数据透视表的排序

在Excel中对数据透视表进行排序，将更有利于用户查看其中的数据。

【例6-26】在【销售情况表】工作表中设置排序。

🔵 视频+素材 (光盘素材\第06章\例6-26)

01 选择数据透视表中的A14单元格后，右击鼠标，在弹出的菜单中选择【排序】|【其他排序选项】命令。

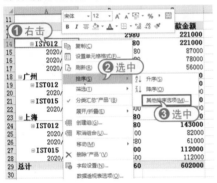

02 打开【排序(产品)】对话框，选中【升序排序(A到Z)依据】单选按钮，单击该单选按钮下方的按钮，在弹出的列表中选中【求和项：回款金额】选项。

03 在【排序(产品)】对话框中单击【确定】按钮，返回工作表后即可看到设置排序后的效果。

单击【数据】选项卡中的【排序和筛选】组中的【排序】按钮，也可以打开【排序】对话框。用户在设置数据表排序时，应注意的是，【排序】对话框中的内容将根据当前所选择的单元格进行调整。

6.10.2 设置数据透视表

数据透视表与图表一样，如果用户需要对其进行外观设置，可以在Excel中，对数据透视表的格式进行调整，方法如下。

01 选中制作的数据透视表，选择【设计】选项卡，单击【数据透视表样式】命令组中的【其他】按钮。

02 在展开的列表框中选中一种数据透视表样式。

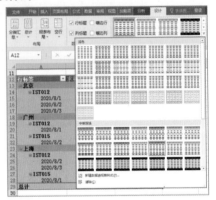

03 此时，即可看到设置后的数据透视表的样式效果。

12	行标签	求和项:销售数量	求和项:回款金额
13	北京	2980	221000
14	IST012	2980	221000
15	2020/8/1	1180	87000
16	2020/8/2	1020	78000
17	2020/8/3	780	56000
18	广州	1800	126000
19	IST012	500	41000
20	2020/8/1	500	41000
21	IST015	1300	85000
22	2020/8/2	1300	85000
23	上海	3480	255000
24	IST012	1980	143000
25	2020/8/2	1100	82000
26	2020/8/3	880	61000
27	IST015	1500	112000
28	2020/8/1	1500	112000
29	总计	8260	602000
30			

6.10.3 移动数据透视表

对于已经创建好的数据透视表，不仅可以在当前工作表中移动位置，还可以将其移动到其他工作表中。移动后的数据透视表保留原位置数据透视表的所有属性与设置，不用担心由于移动数据透视表而造成数据出错。

【例6-27】在【销售情况表】工作表中将数据透视表移动到Sheet3工作表中。
◎视频+素材 (光盘素材\第06章\例6-27)

◀----------

01 打开【销售情况表】工作表后，选择【分析】选项卡，在【操作】组中单击【移动数据透视表】按钮。

02 打开【移动数据透视表】对话框，选中【现有工作表】单选按钮。

03 单击【位置】文本框后的 按钮，选择Sheet3工作表的A1单元格，单击【确定】按钮。

04 返回【移动数据透视表】对话框后，在该对话框中单击【确定】按钮，即可将数据透视表移动到Sheet3工作表中(而【产品销售】工作表中则没有数据透视表)。

6.10.4 使用切片器

切片器是Excel 2016中自带的一个简便的筛选组件，它包含一组按钮。使用切片器可以方便地筛选出数据表中的数据。

1 插入切片器

要在数据透视表中筛选数据，首先需要插入切片器，选中数据透视表中的任意单元格，打开【数据透视表工具】|【分析】选项卡，在【筛选】命令组中，单击

【插入切片器】按钮。在打开的【插入切片器】对话框中选中所需字段前面的复选框，然后单击【确定】按钮，即可显示插入的切片器。

插入的切片器像卡片一样显示在工作表内，在切片器中单击需要筛选的字段，则会自动选中相应的项目，在数据透视表中也会显示相应的数据。

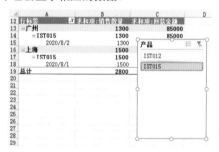

知识点滴

单击筛选器右上角的【清除筛选器】按钮 ，即可清除对字段的筛选。另外，选中切片器后，将光标移动到切片器边框上，当光标变成 形状时，按住鼠标左键进行拖动，可以调节切片器的位置；打开【切片器工具】的【选项】选项卡，在【大小】组中还可以设置切片器大小。

2 设置切片器按钮

切片器中包含多个按钮(即记录或数据)，可以设置按钮大小和排列方式。选中切片器后，打开【切片器工具】的【选项】选项卡，在【按钮】组的【列】微调框中输入按钮的排列方式，在【高度】和【宽度】文本框中输入按钮的高度和宽度。

3 详细设置切片器

选中一个切片器后，打开【切片器工具】的【选项】选项卡，在【切片器】组中单击【切片器设置】按钮。

在打开的【切片器设置】对话框中，

用户可以重新设置切片器的名称、排序方式以及页眉标签等参数。

4 清除与删除切片器

要清除切片器的筛选器可以直接单击切片器右上方的【清除筛选器】按钮，或者在切片器内右击，在弹出的快捷菜单中选择【从"(切片器名称)"中清除筛选器】命令，即可清除筛选器。

要彻底删除切片器，只需在切片器内右击鼠标，在弹出的快捷菜单中选择【删除"(切片器名称)"】命令，即可删除该切片器。

6.11 进阶实战

本章的进阶实战部分将使用Excel 2016制作一个如下图所示的考试成绩查询表，用于查询学生的考试成绩，用户可以通过实例操作巩固本章所学的知识。

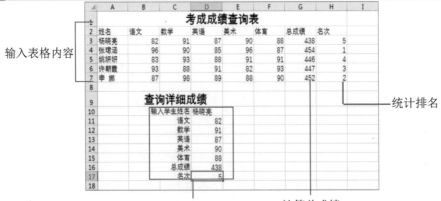

输入表格内容

统计排名

使用 VLOOKUP 函数实现学生成绩查询　　计算总成绩

01 按下Ctrl+N组合键创建一个空白工作簿，选中Sheet1工作表中的A1:H1单元格区域，在【开始】选项卡中的【对齐方式】命令组中单击【合并后居中】按钮，并在合并后的单元格中输入"考试成绩查询表"，将【字号】设置为18(加粗)。

02 输入学生考试成绩，并利用本章实例所介绍的方法计算总成绩和排名。

03 选中B9:D9单元格区域，在【开始】选项卡中的【对齐方式】命令组中单击【合并后居中】按钮，然后输入文字"查询详细成绩"，将【字号】设置为18(加粗)。

04 使用相同的方法合并单元格并输入文字，然后将其设置为【右对齐】。

05 选中D11单元格，单击【编辑栏】中的【插入函数】按钮 *fx* 。

插入函数

06 打开【插入函数】对话框，在【或选择类别】中选择【查找与引用】选项，在【选择函数】列表中选择VLOOKUP函数，然后单击【确定】按钮。

07 打开【函数参数】对话框，输入各项参数，然后单击【确定】按钮。此时，Excel将在D11单元格中输入公式：

=VLOOKUP(D10,$A$2:$H$7,2,TRUE)

08 在D12单元格中输入公式：

=VLOOKUP(D10,$A$2:$H$7,3,TRUE)

09 在D13单元格中输入公式：

=VLOOKUP(D10,$A$2:$H$7,4,TRUE)

10 在D14单元格中输入公式：

=VLOOKUP(D10,$A$2:$H$7,5,TRUE)

个学生姓名，即可在D11:D17单元格区域中显示该学生的考试成绩。

11 在D15单元格中输入公式：

=VLOOKUP(D10,$A$2:$H$7,6,TRUE)

12 在D16单元格中输入公式：

=VLOOKUP(D10,$A$2:$H$7,7,TRUE)

13 在D17单元格中输入公式：

=VLOOKUP(D10,$A$2:$H$7,8,TRUE)

14 在完成以上操作后，在D10中输入一

输入姓名查询学生成绩

	查询详细成绩	
9		
10	输入学生姓名	杨晓燕
11	语文	82
12	数学	91
13	英语	87
14	美术	90
15	体育	88
16	总成绩	438
17	名次	5
18		

15 按下F12键，打开【另存为】对话框将工作簿保存。

6.12 疑点解答

● 问：如何使用"公式记忆式键入"功能在Excel中手动输入函数？？

答：在输入公式时使用"公式记忆式键入"功能可以帮助用户完成公式的输入。在公式编辑模式下，按下Alt+↓组合键可以切换是否启用"公式记忆式键入"功能，也可以单击【文件】按钮，在弹出的菜单中选择【选项】选项，在打开的【Excel选项】对话框的【公式】选项卡中选中【使用公式】区域内的【公式记忆式键入】复选框，然后单击【确定】按钮关闭对话框。当用户在编辑或输入公式时，就会自动显示已输入的字符开头的函数或已定义的名称、"表"名称以及"表"的相关字段名下拉表。例如，在单元格中输入"=SU"后，Excel将自动显示所有以"SU"开头的函数、名称或"表"的扩展下拉菜单。通过在扩展下拉列表中移动上、下方向键或鼠标选择不同的函数，其右侧将显示函数功能简介，双击鼠标或按下Tab键可将此函数添加到当前的编辑位置，既提高了输入效率，又确保输入函数名称的准确性。

第7章

Excel图表制作与呈现

在Excel中，通过插入图表与图形可以更直观地表现表格中数据的发展趋势或分布状况，从而创建出引人注目的报表。此外，结合Excel的函数公式、定义名称、窗体控件以及VBA等功能，还可以创建实时变化的动态图表。

对应光盘视频

例7-1 使用向导创建图表　　　　例7-6 修饰堆积柱形图表
例7-2 设置图表快速样式　　　　例7-7 设置图表误差线
例7-3 设置图表文本格式　　　　例7-8 创建自定义组合图表
例7-4 设置图表数据系列　　　　例7-9 创建簇状条形图表
例7-5 设置图表双坐标轴

7.1 图表的组成与类型

图表是图形化的数据，图形由点、线、面与数据相互匹配组合而成。为了能更加直观地表达电子表格中的数据，用户可将数据以图表的形式来表示。

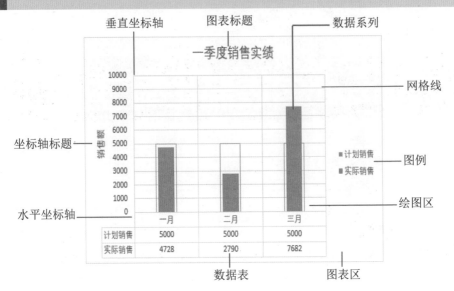

7.1.1 图表的组成

在Excel 2016中，图表通常有两种存在方式：一种是嵌入式图表；另一种是图表工作表。其中，嵌入式图表就是将图表看作是一个图形对象，并作为工作表的一部分进行保存；图表工作表是工作簿中具有特定工作表名称的独立工作表。在需要独立于工作表数据查看、编辑庞大而复杂的图表或需要节省工作表上的屏幕空间时，就可以使用图表工作表。无论是建立哪一种图表，创建图表的依据都是工作表中的数据。当工作表中的数据发生变化时，图表便会随之更新。

图表的基本结构包括：图表区、绘图区、图表标题、数据系列、网格线、图例等，其各部分的说明如下。

🔹 图表区：在Excel 2016中，图表区指的是包含绘制的整张图表及图表中元素的区域。如果要复制或移动图表，必须先选定图表区。

🔹 绘图区：图表中的整个绘制区域。二维图表和三维图表的绘图区有所区别。在二维图表中，绘图区是以坐标轴为界并包括全部数据系列的区域；而在三维图表中，绘图区是以坐标轴为界并包含数据系列、分类名称、刻度线和坐标轴标题的区域。

🔹 图表标题：图表标题在图表中起到说明的作用，是图表性质的大致概括和内容总结，它相当于一篇文章的标题并可用来定义图表的名称。它可以自动地与坐标轴对齐或居中排列于图表坐标轴的外侧。

🔹 数据系列：在Excel中数据系列又称为分类，它指的是图表上的一组相关数据点。在Excel 2016图表中，每个数据系列都用不同的颜色和图案加以区别。每一个数据系列分别来自于工作表的某一行或某一列。在同一张图表中(除了饼图外)可以绘制多个数据系列。

🔵 网格线：网格线是图表中从坐标轴刻度线延伸并贯穿整个绘图区的可选线条系列。网格线的形式有水平的、垂直的、主要的、次要的等，还可以对它们进行组合。网格线使用户对图表中的数据进行观察和估计更为准确和方便。

🔵 图例：在图表中，图例是包围图例项和图例项标示的方框，每个图例项左边的图例项标示和图表中相应数据系列的颜色与图案相一致。

🔵 数轴标题：用于标记分类轴和数值轴的名称，在Excel 2016默认设置下其位于图表的下面和左面。

🔵 图表标签：用于在工作簿中切换图表工作表与其他工作表，可以根据需要修改图表标签的名称。

7.1.2 图表的类型

Excel 2016提供了多种图表，如柱形图、折线图、饼图、条形图、面积图和散点图等，各种图表各有优点，适用于不同的场合。

1 柱形图

柱形图可直观地对数据进行对比分析以得出结果。在Excel 2016中，柱形图又可细分为二维柱形图、三维柱形图、圆柱图、圆锥图以及棱锥图。

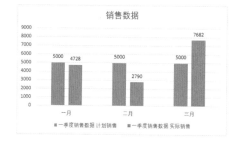

2 折线图

折线图可直观地显示数据的走势情况。在Excel 2016中，折线图又分为二维折线图与三维折线图。

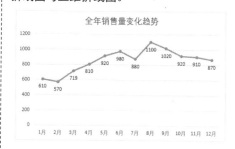

3 饼图

饼图可直观地显示数据占有比例，而且比较美观。在Excel 2016中，饼图又可分为二维饼图、三维饼图、复合饼图等多种。

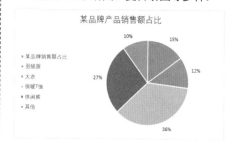

4 条形图

条形图就是横向的柱形图，其作用也与柱形图相同，可直观地对数据进行对比分析。在Excel 2016中，条形图又可分为簇状条形图、堆积条形图等。

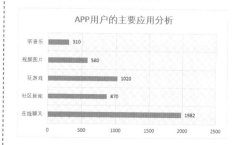

5 面积图

面积图能直观地显示数据的大小与走势范围，在Excel 2016中，面积图又可分为二维面积图与三维面积图。

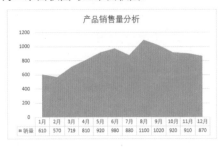

6 散点图

散点图可以直观地显示图表数据点的精确值，以便对图表数据进行统计计算。

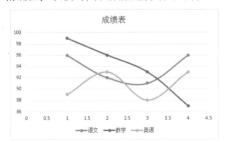

7 树状图

树状图提供数据的分层视图，按颜色和距离显示类别，可以轻松显示其他图表类型很难显示的大量数据，一般用于展示数据之间的层级和占比关系，矩形的面积代表数据大小。

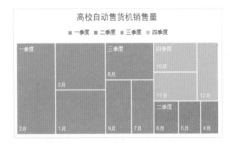

8 旭日图

旭日图多用于展示多层级数据之间的占比及对比关系，图形中每一个圆环代表同一

级别的比例数据，离原点越近的圆环级别越高，最内层的圆表示层次结构的顶级。

9 瀑布图

瀑布图是由麦肯锡顾问公司所独创的图表类型，因为形似瀑布流水而称之为瀑布图(Waterfall Plot)。此种图表采用绝对值与相对值结合的方式，适用于表达数个特定数值之间的数量变化关系。

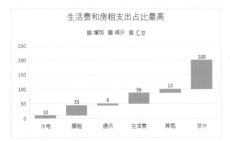

10 直方图

直方图是用于展示数据的分组分布状态的一种图形，用矩形的宽度和高度表示频数分布，通过直方图，用户可以很直观地看出数据分布的形状、中心位置以及数据的离散程度等。

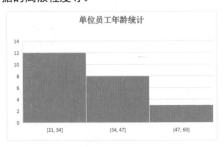

7.2 创建图表

使用Excel 2016提供的图表向导，可以方便、快速地建立一个标准类型或自定义类型的图表。在图表创建完成后，可以修改其各种属性，以使整个图表更趋于完善。

7.2.1 插入图表

数据是图表的基础，若要在工作表中创建图表，首先应为图表准备数据。在Excel 2016中插入图表的方法有以下几种。

● 选中目标数据区域，选择【插入】选项卡，在【图表】组中单击相应的图表类型按钮。

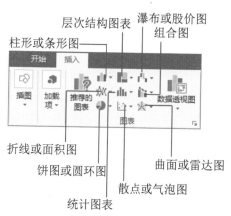

● 选中目标数据，按下F11键，在新建的图表工作表中创建图表。

● 在【插入】选项卡的【图表】组中单击【推荐的图表】按钮，在打开【插入图表】对话框的【所有图表】选项卡中选择一种图表样式，然后单击【确定】按钮。

【例7-1】创建【销售统计】工作表，使用图表向导创建图表。
◎视频▶（光盘素材\第07章\例7-1）

----

01 创建"销售统计"工作表，然后创建一个数据对比图表。

02 选择【插入】选项卡，在【图表】组中单击【推荐的图表】按钮，在打开的对话框中选择【所有图表】选项卡。

03 在【所有图表】选项卡中左侧的导航窗格中选择【柱形图】选项，在右侧的列表框中选择【簇状柱形图】类型，然后单击【确定】按钮。

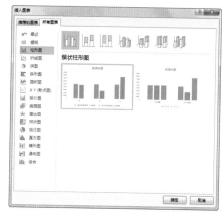

04 此时，在工作表中创建如下图所示的图表，Excel软件将自动打开【图表工具】的【设计】选项卡。

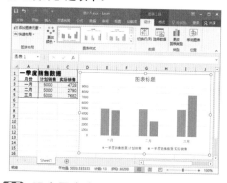

05 双击图表中的一月份"计划销售"数据系列，打开【设置数据系列格式】窗格，选择【填充线条】选项，在显示的选项区域展开【填充】选项区域，并选中【无填充】选项。

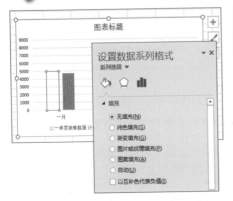

06 在【设置数据系列格式】窗格中展开【边框】选项区域，选中【实线】单选按钮，设置实线颜色为【蓝色】。

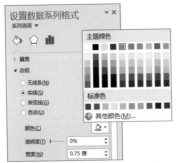

07 选中图表中的一月份、二月份和三月份"实际销售"数据系列，在【设置数据系列格式】窗格中选择【系列选项】选项，在打开的选项区域中将数据系列设置为【次坐标轴】格式，将【分类间距】设置为300%。

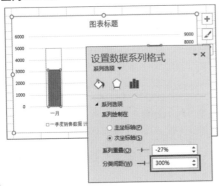

08 右击图表右侧的坐标轴数值，在弹出的菜单中选择【设置坐标轴格式】命令。

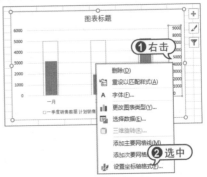

09 在打开的【设置坐标轴格式】窗格中将【边界】的最大值设置为10000。

10 右击图表左侧的坐标轴数值，然后重复步骤8、9的操作，将【边界】的最大值设置为10000。

11 在图表标题栏中输入"一季度销售数据"。选中并右击图表中的【实际销售】数据系列，在弹出的菜单中选择【添加数据标签】|【添加数据标签】命令。

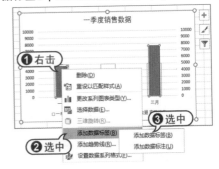

12 此时，图表效果将如下图所示。

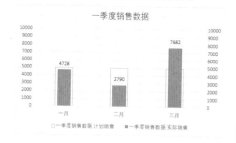

7.2.2 选择数据

选中工作表中的图表，拖动工作表中显示的数据选择框四周的控制点至合适的范围。

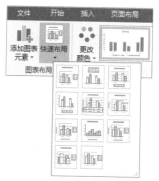

向下拖动控制点

此时，即可改变图表引用的数据源。

7.2.3 图表布局

选中图表后，在【设计】选项卡的【图表布局】组中单击【快速布局】按钮，在弹出的列表中，用户可以将Excel预设的布局应用到图表。

7.2.4 图表样式

选中工作表中的图表后，在【设计】选项卡的【图表样式】组中单击【其他】按钮，在弹出的列表中可以将图表样式应用到图表。

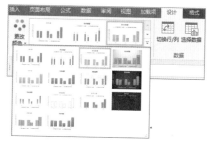

以选择"样式3"为例，其设置图表的效果如下图所示。

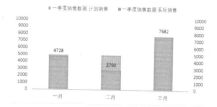

7.2.5 图表位置

一般情况下，图表以对象方式嵌入在工作表中，用户如果想移动图表的位置，可以采用以下3种方法之一。

🔵 使用鼠标拖放可以在工作表中移动图表。

🔵 使用【剪切】和【粘贴】命令，可以在不同的工作表之间移动图表。

🔵 将图表移动到图表工作表中，方法是：选中图表后，在【设计】选项卡的【位置】组中单击【移动图表】按钮，在打开的【移动图表】对话框中选择【新工作表】单选按钮，单击【确定】按钮，关闭对话框，Excel将新建一个名为Chart1的图表工作表，并将图表移动到该工作表中。

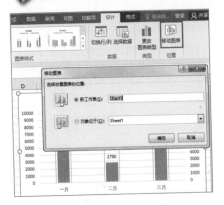

中的参数，即可调整图表的大小。

选中图表后，在图表边框上右击鼠标，在弹出的菜单中选择【设置图表区域格式】命令，打开【设置图标区格式】窗格，选择【大小】选项卡。在该选项卡中用户可以通过调节【高度】和【宽度】微调按钮，设置图表的大小；也可以设置【缩放高度】和【缩放宽度】文本框中的缩放比例，调整图表大小。

7.2.6 图表大小

在工作中，为了使图表可以满足文档的需要，经常需要调整其大小。调整图表大小的方法有以下3种。

● 选中图表后，在图表边框上将显示8个控制点，将鼠标指针放置到任意一个控制点上，当指针变为双向箭头时按住鼠标左键拖动即可调整图表大小。

● 选中图表，在【格式】选项卡的【大小】组中设置【高度】和【宽度】文本框

7.3 修饰图表

在Excel中插入图表，使用软件默认的样式只能满足制作简单图表的要求。若用户需要用图表清晰地表达工作表中的数据，或制作内容呈现效果更好的图表，就需要进一步对图表进行修饰处理。

7.3.1 选取图表元素

使用Excel修饰图表实际上就是对图表中的各个元素进行修饰，使它们的整体效果相互协调。在执行图表修饰操作之前，用户可以使用以下几种方法选取图表中的不同元素。

● 使用鼠标单击选取。

● 利用键盘的上、下、左、右方向键选取。

● 在【格式】选项卡的【当前所选内容】组中单击【图表元素】按钮，在弹出的列

表中选取元素。

图表元素

7.3.2 设置图表快速样式

在Excel 2016中，用户可以使用软件提供的形状样式库，快速设置图表中各元

素的形状样式、形状填充、形状轮廓等。

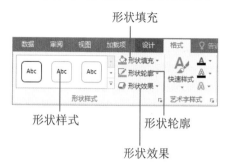

形状填充

形状样式

形状轮廓

形状效果

● 形状样式：形状样式主要是指图表元素的边框、填充、文本的组合样式。在【格式】选项卡的【形状样式】组单击【其他】按钮，在弹出的列表中可以快速为图表中的元素设置形状样式。

● 形状填充：形状填充指的是图表元素内部的填充颜色和效果。在【格式】选项卡的【形状样式】组中单击【形状填充】按钮，在弹出的列表中可以为图表元素设置主题颜色(60种)、标准色(10种)、无填充颜色、其他填充颜色、图片、渐变、纹理等填充效果。

● 形状轮廓：形状轮廓是指图表元素边宽的颜色和效果。选中图表区后，在【格式】选项卡的【形状样式】组中单击【形状轮廓】按钮，在弹出的列表中可以选择主题颜色(60种)、标准色(10种)、无轮廓、其他轮廓演示、粗细、虚线、箭头等轮廓效果。

● 形状效果：形状效果指的是图表元素的阴影和三维效果。选中图表区后，在【格式】选项卡的【形状样式】组中单击【形状效果】按钮，在弹出的列表中可以为图表元素设置预设(12种)、阴影(23种)、映像、发光(24种)、柔化边缘(7种)、棱台(12种)、三维旋转(25种)等形状效果。

【例7-2】通过设置图表对象图形样式，制作一个三维饼图。

◉ 视频 ▶ (光盘素材\第07章\例7-2)

01 在工作表中输入数据后，选中A2:B6区域，在【插入】选项卡的【图表】组中单击【插入饼图或圆环图】按钮，在弹出的列表中选择【三维饼图】选项。

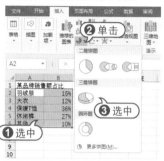

02 右击工作表中插入的三维饼图，在弹出的菜单中选择【添加数据标签】|【添加数据标签】命令，在图表上添加数据标签。

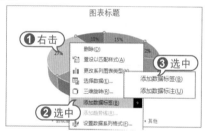

03 选中图表中"休闲裤"数据系列，在【格式】选项卡的【形状样式】组中单击【形状填充】按钮，在弹出的列表中选择【绿色】选项。

"休闲裤"数据系列

04 使用同样的方法设置图表中其他数据系列的形状填充颜色。

05 单击图表中的饼图，选中其中所有的数据系列，在【形状样式】组中单击【形状效果】按钮，在弹出的列表中选择【阴影】|【靠下】选项。

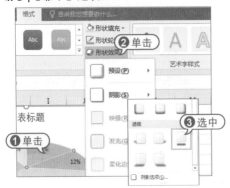

06 选中"休闲裤"数据系列，右击鼠标，在弹出的菜单中选择【设置数据点格式】命令。

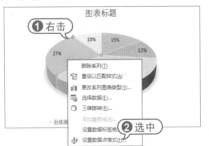

07 打开【设置数据点格式】窗格，在【点爆炸型】文本框中输入16%。

08 完成以上操作后，工作表中图表的效果如下图所示。

某品牌销售额占比

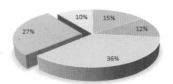

7.3.3 设置字体格式

设置Excel图表中的字体格式有以下3种方法。

🔹 使用选项卡中的字体选项：选择【开始】选项卡，在【字体】和【对齐方式】组中可以为图表中含有文字的对象设置字体格式，包括字体、大小、颜色、对齐方式等。

🔹 设置艺术字样式：选中图表或图表中的文字对象，选择【格式】选项卡，在【艺术字样式】组中单击【其他】按钮，在弹出的列表中可以选择Excel提供的20种艺术字样式设置图表文字样式。

🔹 使用【字体】对话框：选中图表中的文字对象，右击鼠标，在弹出的菜单中选择【字体】命令，在打开的【字体】对话框中设置文本的字体格式。

【例7-3】进一步修饰【例7-2】创建的饼图，在其中添加文本并设置文本格式。
🎬 视频》(光盘素材\第07章\例7-3)

01 打开【例7-2】创建的饼图，右击图表中"休闲裤"数据系列上的数据标签，在弹出的菜单中选择【编辑文字】命令。

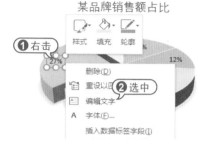

02 进入文本编辑状态，输入文本"休闲裤"，然后再次右击数据标签，在弹出的菜单中选择【字体】命令，打开【字体】对话框设置文本的字体、字体样式、字号以及字体颜色。

03 单击【确定】按钮后，图表中的文本效果如下图所示。

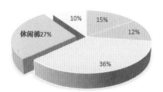

7.3.4 设置数字格式

在图表中含有数值的对象都可以像单

元格一样设置数字格式，方法如下。

01 选择数据标签(或坐标轴)，单击【格式】选项卡中的【设置所选内容格式】按钮。

02 在打开的【设置数据标签格式】窗格中，展开【数字】选项卡可以设置数字的格式。

7.3.5 设置图表区格式

图表区是图表的整个区域，图表区域格式的设置相当于设置图表的背景。选中图表区后，在【格式】选项卡【当前所选内容】组中单击【设置所选内容格式】按钮，在打开的【设置图表区格式】窗格中可以设置图表区域格式选项。

 填充：在【设置图表区格式】窗格中，展开【填充】选项区域，用户可以设置图表区的填充选项，包括无填充、纯色填充、渐变填充(即一种或几种颜色，从深到浅过渡变化的颜色)、图片或纹理填充、图案填充、自动填充(一般为白色)等几种。以【例7-3】创建的三维饼图为例，设置图表区图案填充的效果如下。

● 边框：在【设置图表区格式】窗格中展开【边框】选项区域，用户可以为图表设置边框颜色、边框样式。

选择类型

设置颜色

● 效果：在【设置图表区格式】窗格中单击【效果】按钮，在展开的区域中可以设置图表的阴影、发光、柔化边缘、三维格式、三维旋转等参数。

● 大小与属性：在【设置图表区格式】窗格中单击【大小与属性】按钮，在展开的区域中可以设置图表的大小、属性和可选文字等参数。

7.3.6 设置绘图区格式

绘图区是图表区中由坐标轴围成的部分。从层次结构上看，绘图区位于图表区的上方。

右击图表中的绘图区，在弹出的菜单中选择【设置绘图区格式】命令，在打开的【设置绘图区格式】窗格(与【设置图表区格式】窗格类似)中，用户可以设置图表绘图区的填充、线条与效果。

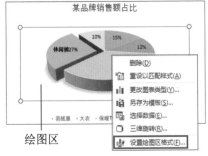

绘图区

除此之外，如果将鼠标指针放置在绘图区四周的控制点上，当鼠标光标变为双向箭头时，按住鼠标左键拖动，可以在图表区范围内调整绘图区的大小。

7.3.7 设置数据系列格式

数据系列是绘图区中的一系列点、线、面的组合，一个数据系列引用工作表中的一行或一列数据、从层次结构上看，数据系列位于图表和绘图区的上方。因图表类型不同，数据系列格式的设置参数也各不相同。

本节将以【例7-2】创建的三维饼图为例，介绍设置数据系列格式的方法。

右击图表中的数据系列，在弹出的菜单中选择【设置数据系列格式】命令，可以打开【设置数据系列格式】窗格，设置以下参数。

👉 系列选项：当图表中包含两个以上的数据系列时，可以通过在【设置数据系列格式】窗格中设置【系列选项】，指定各个数据系列之间的效果。

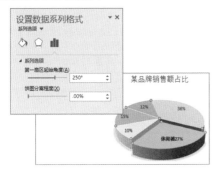

👉 填充与线条：在【设置数据系列格式】窗格中单击【填充与线条】按钮，在展开的选项区域中，可以设置数据系列的填充效果与线条样式。

👉 效果：在【设置数据系列格式】窗格中单击【效果】按钮，在展开的选项区域中，可以设置数据系列的阴影、发光、柔滑边缘和三维格式等效果。

下面将通过一个简单的实例，介绍通过设置图表数据系列格式，修饰表格效果的方法。

【例7-4】在图表绘图区中设置3种颜色，分别显示数据系列差(<50)、中(50-100)和优(100-150)3个档次。
🎬 视频▶ (光盘素材\第07章\例7-4)

01 在工作表中输入数据后，按住Ctrl键选中A1:A6和E1:E6区域。选择【插入】选项卡，在【图表】组中单击【推荐的图表】按钮。

02 打开【插入图表】对话框，选中【簇状柱形图】选项，单击【确定】按钮，在工作表中插入一个柱形图。

03 单击选中图表中的数据系列，在弹出的菜单中选择【设置数据系列格式】命令。

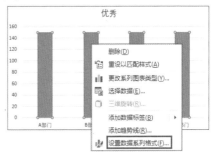

04 打开【设置数据系列格式】窗格，单击【系列选项】按钮，在展开的选项区域中调整【系列重叠】和【分类间距】参数。

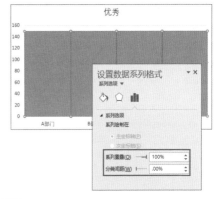

05 选中D2:D6区域后，按下Ctrl+C组合键

执行"复制"命令。

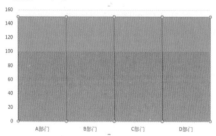

06 选中图表，按下Ctrl+V组合键，执行"粘贴"命令。

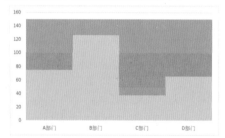

07 重复步骤5、6的操作，将C2:C6和B2:B6区域中的数据复制到图表中。

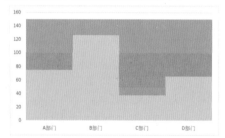

08 选中图表中的"利润"数据系列，右击鼠标，在弹出的菜单中选择【设置数据系列格式】命令，在打开的窗格中选中【次坐标轴】单选按钮，设置【分类间距】参数为180%。

09 此时，图表重点数据系列效果如下图

所示。

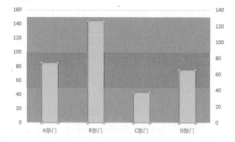

10 选中图表右侧的次坐标轴，按下Delete键将其删除，然后选中图表左侧的主坐标轴，在显示的【设置坐标轴格式】窗格中单击【坐标轴选项】按钮，将坐标轴选项的【最大值】设置为150。

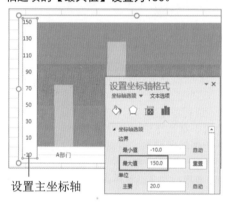

11 保持图表的选中状态，在【设计】选项卡的【图表布局】组中单击【添加图表元素】按钮，在弹出的列表中选择【图例】|【右侧】选项，为图表添加图例。

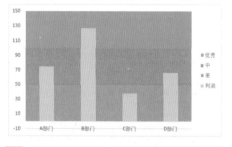

12 选中图表中的"利润"数据系列，再次单击【添加图表元素】按钮，在弹出的列表中选择【数据标签】|【数据标签】选

项，为数据系列添加数据标签。

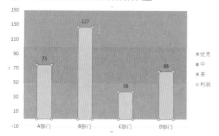

13 分别选中图表中的"差"、"中"和"优"数据系列，在【格式】选项卡的【形状样式】组中单击【形状填充】按钮，在弹出的列表中为每个数据系列设置不同的填充颜色，完成后的图表样式如下图所示。

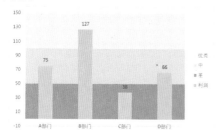

7.3.8 设置数据标签格式

在图表中设置数据标签的方法有以下两种。

● 单击数据系列中的任意一个图形，选中一个数据系列，在【设计】选项卡的【图表布局】组中单击【添加图表元素】按钮，在弹出的列表中选择【数据标签】选项，在弹出的子列表中选择一种标签。

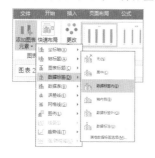

● 选中数据标签后，在【格式】选项卡的【当前所选内容】组中单击【设置数据标签格式】按钮，在打开的窗格中设置数据标签格式，包括标签选项、大小与属性、效果以及填充与线条等。

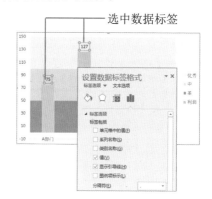

7.3.9 设置坐标轴格式

坐标轴是组成绘图区边界的直线，次坐标轴必须要在两个(含)以上数据系列的图表中，并设置了使用次坐标轴后才会显示。绘图区下方的直线为x轴，上方的直线为次x轴。绘图区左侧的直线为y轴，右侧的直线为次y轴。

右击坐标轴，在弹出的菜单中选择【设置坐标轴格式】命令，在打开的窗格中可以设置坐标轴的格式，主要有坐标轴选项、刻度线、标签和数字等。

【例7-5】在图表中快速设置双坐标轴。
◉视频 (光盘素材\第07章\例7-5)

01 在工作表中输入反映公司各部门销量和同比增长的数据。

	A	B	C	D
1	各部门销量及同比增长			
2	部门	销量	同比增长	
3	部门A	600	35%	
4	部门B	358	70%	
5	部门C	420	92%	
6	部门D	800	21%	

02 选择【插入】选项卡，在【图表】组中单击【推荐的图表】按钮，在打开的【插入图表】对话框中的【推荐的图表】选项卡中选择【簇状柱形图】选项。

03 单击【确定】按钮后，即可在工作表中插入如下图所示的双坐标轴图表。

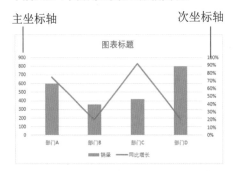

7.3.10 设置网格线格式

图表网格线的主要作用是在未显示数据标签时，可以大致读出数据点对应坐标

的刻度，坐标轴主要刻度线对应的是主要网格线，坐标轴次要刻度线对应的是次要网格线。

选中图表中的网格线，在【格式】选项卡中的【当前所选内容】组中单击【设置所选内容格式】按钮（或双击网格线），在打开的窗格中可以设置网格线的格式，包括线条样式、阴影、发光、柔化边缘等。

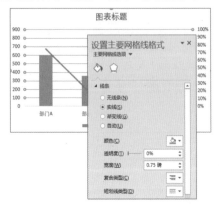

7.3.11 设置图例格式

图例实际上是一个类文本框，用于显示数据系列指定的图案和文本说明。图例是由图例项组成的，每一个数据系列对应一个图例项。

右击图表中的图例，在弹出的菜单中选择【设置数据系列格式】命令，在打开的窗格中用户可以设置图例的格式。

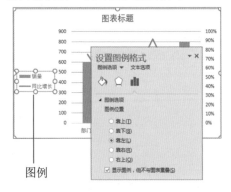

双击图例中的图例项，将打开如下图所示的【设置图例项格式】窗格，在该窗格中，可以设置图例中具体图例项的填充、边框样式、阴影等属性。

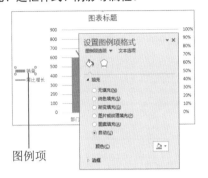

图例项

7.3.12 设置标题格式

图表标题是显示说明性文字的类文本框，包括图表标题和坐标轴标题。

双击图表中的标题，在打开的【设置图表标题格式】窗格中用户可以设置标题的格式，包括填充、边框、对齐方式、位置等。

- ▶

【例7-6】通过调整图表的数据系列、网格线、图例和标题，修饰堆积柱形图表。
🎬视频 (光盘素材\第07章\例7-6)

01 在工作表中输入下图所示的数据。

02 在D4、E4、F4、G4、H4等单元格中

分别输入公式：

在D4单元格中输入公式：

=IF(B4>=C4,C4,B4)

在E4单元格中输入公式：

=IF(B4<C4,ABS(B4-C4),NA())

在F4单元格中输入公式：

=IF(B4>=C4,B4-C4,NA())

在G4单元格中输入公式：

=IF(E4>0,B4-10,NA())

在H4单元格中输入公式：

=IF(F4>0,C4-10,NA())

分别在D~H列向下复制公式。

03 按住Ctrl键选中A3:A6、D3:H6区域。

04 选择【插入】选项卡，在【图表】组中单击【推荐的图表】按钮，打开【插入图表】对话框，选中【堆积柱形图】选项。

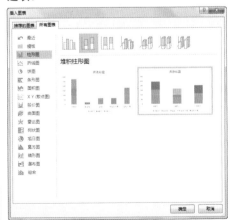

05 单击【确定】按钮，在工作表中插入一个如下图所示的图表。

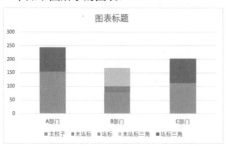

06 选中图表中的"达标"数据系列，右击鼠标，在弹出的菜单中选择【更改系列图表类型】命令。

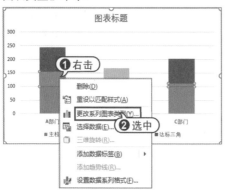

07 打开【更改图表类型】对话框，将【达标】系列的类型设置为【带数据标记的折线图】，然后单击【确定】按钮。

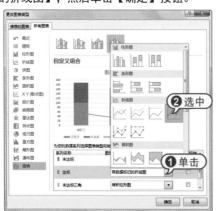

08 重复步骤6、7的操作，将"未达标三角"数据系列的类型也修改为【带数据标记的折线图】，完成后的图表效果如下图所示。

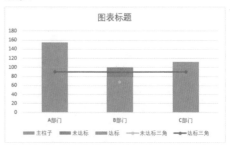

09 分别选中上图中"未达标三角"或"达标三角"数据系列，按下Ctrl+1组合键，打开【设置数据系列格式】窗格，单击【填充与线条】按钮，在展开的选项区域中选中【无线条】选项。

10 完成以上操作后，图表中数据系列的效果如下图所示。

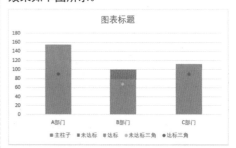

11 选中图表中的"主柱子"数据系列，在【设置数据系列格式】窗格中单击【系列选项】按钮，在展开的选项区域中将【分类间距】设置为250%，此时图表的效

果如下图所示。

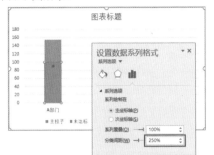

12 选中图表中的图例和网格线，按下Delete键，将它们删除。

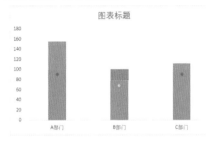

13 选中图表中的坐标轴，在【设置坐标轴格式】窗格中单击【坐标轴选项】按钮▥，在展开的选项区域中将【最大值】设置为"160"。

14 选择【插入】选项卡，在【插图】组中单击【形状】按钮，在弹出的下拉列表中选择【等腰三角形】选项，在工作表中绘制两个三角形，并设置其填充颜色。

15 选中绘制的三角形图形，按下Ctrl+C

组合键执行"复制"命令，选中"达标三角"数据系列，按下Ctrl+V组合键执行"粘贴"命令。

16 重复同样的操作，将三角图形粘贴至"未达标三角"数据系列上，制作如下图所示的图表效果。

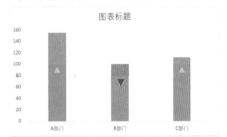

17 选中"达标"数据系列，在【设计】选项卡的【图表布局】组中单击【添加图表元素】按钮，在弹出的列表中选择【数据标签】|【轴内侧】选项，在数据系列上设置显示数据标签，并设置标签文本格式。

18 使用同样的方法，为"未达标"数据系列设置数据标签。

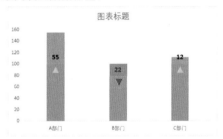

19 在标题栏中输入标题文本，并设置文本格式和标题栏位置。

20 分别选中图表中的"主柱子"、"达标"和"未达标"等数据系列，在【格式】选项卡的【形状样式】组中分别设置数据系列的【形状填充】和【形状轮廓】颜色。

21 选中图表底部的【水平(类别)轴】，在【设置坐标轴格式】窗格中单击【填充与线条】按钮，在展开的选项区域中设置坐标轴的颜色和宽度。

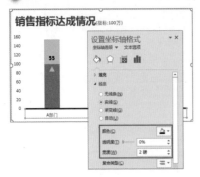

22 完成以上设置后，表格的最终效果如下图所示。

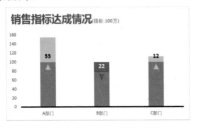

7.3.13 设置数据表格式

图表数据表是附加到图表的表格，用于显示图表的数据源。数据表通常附加到图表的下侧，并取代x轴上的刻度线标签。

选中图表后，在【设计】选项卡的【图表布局】组中单击【添加图表元素】按钮，在弹出的列表中选择【数据表】选项，即可在弹出的子列表中设置在图表中显示数据表。

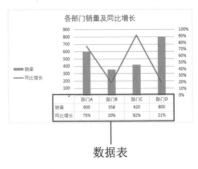

数据表

选中数据表，在【格式】选项卡中的【当前所选内容】组中单击【设置所选内容格式】按钮，在打开的【设置模拟运算表格式】窗格中可以设置数据表是否显示水平、垂直或分级显示的表边框。

知识点滴

图表中数据表的填充、边框颜色、边框样式、阴影、发光和柔化边缘等设置与设置系列格式的方法一样。

7.4 编辑图表

图表创建完成后，Excel 2016会自动显示【设计】和【格式】选项卡，在其中可以实现对图表内容的编辑，例如添加、修改、删除数据系列；添加趋势线、折线、涨/跌柱线、误差线；以及更改图表类型等。

7.4.1 编辑数据系列

图表数据源由数据系列组成。数据系列是Excel图表的基础，包括系列名称和系列值。不同的图表类型有不同的系列值，XY散点图的系列值包括x轴系列值和y轴系列值。数据系列的每一个系列值由一行或一列数据组成。

1 添加数据系列

选中图表，要添加数据系列可以参考以下步骤操作。

01 在【设计】选项卡的【数据】组中单击【选择数据】按钮。

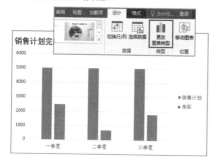

02 打开【选择数据源】对话框，单击【添加】按钮，打开【编辑数据系列】对话框，单击【系列名称】编辑框后的圈按钮。

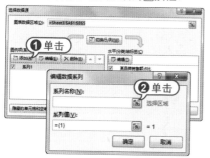

03 选中工作表中的某个用于作为系列名称的单元格，例如C1单元格。

04 返回【编辑数据系列】对话框，单击【系列值】编辑框后的圈按钮，选中工作表中作为系列值的单元格，例如C2:C4区域。

05 按下回车键，返回【编辑数据系列】对话框，此时该对话框如下图所示。

06 单击【确定】按钮，返回【选择数据源】对话框，单击【确定】按钮，图表效果如下图所示。

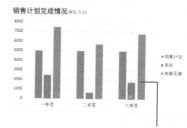

添加的数据系列

2 删除数据系列

在图表中选择一个数据系列，按下Delete键即可将其删除。

在【选择数据源】对话框中，选择【图例项】列表中的一个系列(例如"销售计划")，单击【删除】按钮即可将其删除。

单击【确定】按钮后，图表删除数据系列后的效果如下图所示。

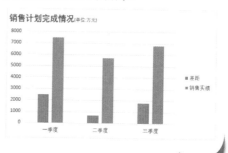

3 修改数据系列

数据系列可以引用工作表中的单元格区域，也可以直接输入数字构成系列值，方法如下。

01 选中图表后，在【设计】选项卡的【数据】组中单击【选择数据】按钮，打开【选择数据源】对话框，在【图例项】列表中选中【销售实绩】选项，然后单击【编辑】按钮。

02 打开【编辑数据系列】对话框，在【系列名称】编辑框中输入"平均值"，在【系列值】编辑框中直接输入系列值，例如"6000,6000,6000"。

03 单击【确定】按钮，返回【选择数据源】对话框，再次单击【确定】按钮即可。图表数据系列的编辑结果如下图所示。

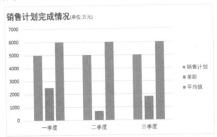

4 切换行/列

图表的数据系列可以是数据源中的一

行，也可以切换为数据源中的一列。

数据系列的切换行/列比较简单，选中图表后，在【设计】选项卡的【数据】组中单击【切换行/列】按钮即可。

7.4.2 ◀ 添加趋势线

趋势线是用图形的方式显示数据的预测趋势并可用于预测分析，也称回归分析。用户可以向非堆积二维面积图、条形图、柱形图、折线图、气泡图、XY散点图的数据系列中添加趋势线，但不能向三维图表、堆积型图表、雷达图、饼图或圆环图的数据系列中添加趋势线。

选中图表后，在【布局】选项卡的【图表布局】组中单击【添加图表元素】按钮，在弹出的列表中选择【趋势线】选项，在弹出的子列表中可以选择添加趋势线的类型。

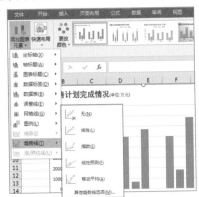

选择一种趋势线类型后，在打开的【添加趋势线】对话框中，选择一个需要添加趋势线的数据系列，单击【确定】按钮。

此时，将在图表中添加一条如下图所示的趋势线。

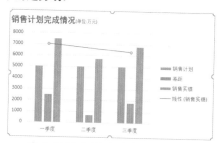

选中并双击图表中的趋势线，在打开的【设置趋势线格式】窗格中，可以对趋势线的格式进行设置，包括趋势线的类型、名称、趋势预测等。

7.4.3 添加折线

不同的Excel图表类型可以添加不同的折线，折线包括系列线、垂直线和高低点连线等。

🔸 系列线：连接不同数据系列之间的折线，可以在二维堆积条形图、二维堆积柱形图、复合饼图以及饼图中显示。

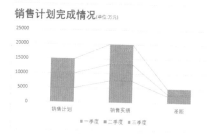

🔸 垂直线：连接水平轴与数据系列之间的折线，可以在面积图或折线图中显示。

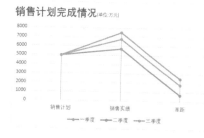

🔸 高低点连线：高低点连线是连接不同数据系列的对应数据点之间的折线，可以在包括两个(含两个)以上数据系列的二维折线图中显示。

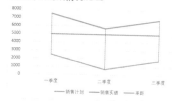

选中图表后，在【设计】选项卡的【图表布局】组中单击【添加图表元素】按钮，在弹出的列表中选择【线条】选项，在弹出的子列表中可以为图表添加折线。

7.4.4 添加涨/跌柱线

涨/跌柱线是连接不同数据系列的对应数据点之间的柱形，可以在包含两个(含两个)以上数据系列的二维折线图中显示。

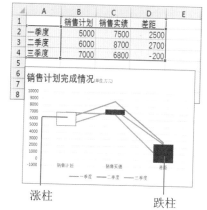

涨柱　　　　　　　　　　跌柱

选中图表，在【布局】选项卡的【图表布局】组中单击【添加图表元素】按钮，在弹出的列表中选择【涨/跌柱线】选项，在弹出的子列表中可以为二维折线图添加涨/跌柱线。

调整涨/跌柱线的参照数据系列，将改变涨柱和跌柱的位置。

选中图表，在【设计】选项卡的【数据】组中单击【选择数据】按钮，在打开的【选择数据源】对话框中选择一个数据系列，单击【上移】或【下移】按钮，将改变系列列表中的数据系列和排列顺序。

上移

7.4.5 添加误差线

误差线以图形形式显示与数据系列中每个数据标志相关的误差量。可以向二维面积图、条形图、XY散点图、折线图、柱形图和气泡图等图表的数据系列中添加误差线(对于XY散点图和气泡图，可以单独显示x值或y值的误差线，也可同时显示两者的误差线)。

选择XY散点图，在【设计】选项卡的【图表布局】组中单击【添加图表元素】按钮，在弹出的列表中选择【误差线】|【标准误差】选项，为图表添加误差线。因为是XY散点图，所以图表包含x值或y值两个方向的误差线。

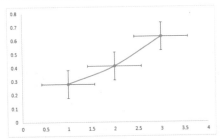

此时，用户可以参考以下方法设置图表中误差线的格式。

【例7-7】通过设置误差线格式制作特殊图表效果。

视频 (光盘素材\第07章\例7-7)

01 在工作表中输入以下原始数据。

	A	B
1	地区	销量
2	北京	5600
3	上海	6800
4	广州	7200
5	重庆	5100

02 选中A1:B5单元格区域，在【插入】选项卡的【图表】组中单击【推荐的图表】按钮，在打开的【插入图表】对话框中选中【散点图】选项，单击【确定】按钮。

03 选中图表，单击其右上角的【+】按钮，在弹出的列表中选择【误差线】复选框，为图表添加误差线。

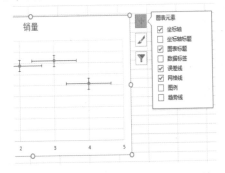

04 选中图表中的水平误差线，按下Delete键将其删除。

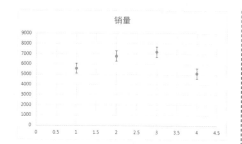

05 选中并双击图表中的垂直误差线，在打开的【设置误差线格式】窗格的【误差线选项】设置区域中选中【负偏差】和【无线端】单选按钮。

06 在【设置误差线格式】窗格的【误差量】选项区域中选中【自定义】单选按钮，然后单击该选项后的【指定值】按钮。

07 打开【自定义错误栏】对话框，将【正错误值】编辑栏中的数据删除，将鼠标指针插入【负错误值】编辑栏中，选中B2:B5区域，然后单击【确定】按钮。

08 选择【插入】选项卡，在【插图】组中单击【图片】按钮，在工作表中插入如下图所示的两个气球图片。

09 选中黑色的气球，按下Ctrl+C组合键将其复制，然后单击选中图表中的"销量"数据系列，按下Ctrl+V组合键执行"粘贴"命令。

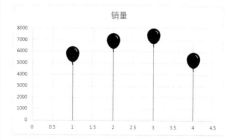

10 选中红色的气球，按下Ctrl+C组合键将其复制，然后选中"广州"数据系列，按下Ctrl+V组合键，执行"粘贴"命令。

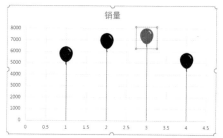

11 关闭图表中的网格线，显示数据标签，并输入图表标题，制作出效果如下图所示的图表。

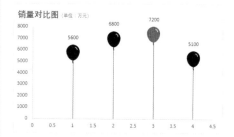

7.4.6 更改图表类型

如果对插入图表的类型不满意，无

法确切表现所需要的内容，则可以更改图表的类型，方法是：选中图表，选择【设计】选项卡，在【类型】组中单击【更改图表类型】按钮，打开【更改图表类型】对话框，选择其他类型的图表选项即可。

7.5　制作组合图表

组合图表是将两种以上的图表类型绘制在同一个绘图区中的图表。制作组合图表的操作并不是非常复杂，只要先将数据系列全部绘制成同一种图表类型，再选取需要修改的数据系列，将其更改为另一种图表类型即可。

下面将通过一个简单的实例，介绍创建组合图表的方法。

【例7-8】创建一个自定义Excel组合图表。
🎬视频）(光盘素材\第07章\例7-8)

01 在工作表中输入下图所示的数据源后，选中A2:G4区域，在【插入】选项卡的【图表】组中单击【插入柱形图或条形图】按钮，在弹出的列表中选择【簇状柱形图】选项。

02 此时，在工作表中插入一个如下图所示的图表。

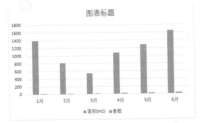

03 选中图表，在【设计】选项卡的【类型】组中单击【更改图表类型】按钮，打开【更改图表类型】对话框，选中对话框左侧列表中的【组合】选项。

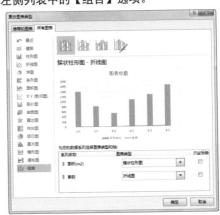

04 在【自定义组合】选项区域中，将【面积(m2)】系列的类型设置为【折线图】，并选中该选项后的【次坐标轴】复选框。

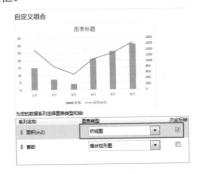

05 单击【确定】按钮，双击图表中的折

线，打开【设置数据系列格式】窗格，单击【填充与线条】按钮，在展开的选项区域中选择【标记】选项卡，在显示的选项区域中将数据标记选项设置为【内置】。

06 展开【填充】选项区域，选中【纯色填充】单选按钮，并将标记的填充颜色设置为【红色】。

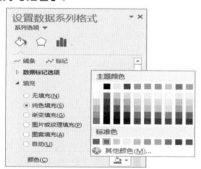

07 展开【边框】选项区域，选中【无边框】单选按钮。

08 单击图表右上角的【+】按钮，在弹出的列表中选中【数据标签】复选框。

09 完成以上操作后，组合图表的最终效果如下图所示。

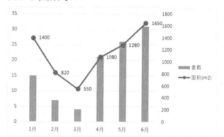

7.6 制作动态图表

动态图表也被称为交互式图表，其指的是通过鼠标选择不同的预设项目，在图表中动态显示对应的数据。

7.6.1 筛选法制作动态图表

设置自动筛选是实现动态图表最简单的方法，只要选择全部数据制作图表，再设置自动筛选即可。

以月度数据为例，制作柱形图可以参考以下步骤操作。

01 在工作表中输入下图所示的月度销售数据，选中A1:C6区域，在【开始】选项卡的【编辑】组中单击【排序和筛选】按钮，在弹出的列表中选择【筛选】选项(或

者按下Ctrl+Shift+L组合键)。

02 选择【插入】选项卡，在【图表】组中单击【推荐的图表】按钮，在打开的【插入图表】对话框中选中【簇状柱形图】选项后单击【确定】按钮，在工作表中插入如下图所示的图表。

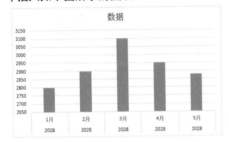

03 单击B1单元格右侧的筛选按钮，在弹出的筛选菜单中取消【全选】复选框的选中状态，并选中【2月】和【5月】复选框。

04 单击【确定】按钮，图表将自动变为显示2月和5月的数据，效果如下图所示。

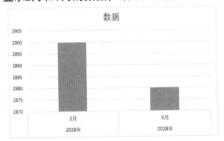

7.6.2 公式法制作动态图表

在工作表的数据区域以外，添加辅

助行或辅助列，利用Excel的数据有效性功能设置下拉列表选择项目，再通过设置VLOOKUP或者HLOOKUP函数，取得对应项目的数据，从而实现动态选择数据和动态图表。

1 添加辅助行

通过公式法添加辅助行制作动态图表的方法如下。

01 在工作表中输入下图所示数据源，选中A9单元格。

	A	B	C	D	E	F	G
1	单位	1月	2月	3月	4月	5月	6月
2	A公司	17	8	0	13	0	7
3	B公司	5	0	7	7	3	0
4	C公司	0	0	15	19	18	11
5	D公司	11	13	0	6	7	12
6	E公司	16	12	9	0	6	0
7	合计	49	33	36	45	34	30
8							
9							
10							

02 选择【数据】选项卡，在【数据工具】组中单击【数据验证】按钮。

03 打开【数据验证】对话框，将【允许】下拉列表设置为【序列】，在【来源】编辑框中输入：

=$A$2:$A$7

04 单击【确定】按钮，单击A9单元格右

侧的▼按钮，在弹出的列表中选择【A公司】选项。

05 选中B9单元格，输入以下公式：

=VLOOKUP($A$9,$A$1:$G$7,COLUMN(),FALSE)

按下回车键，将单元格中的公式复制(或填充)至C9:G9区域。

06 选中A9:G9单元格区域，在【插入】选项卡的【图表】组中单击【插入柱形或条形图】按钮，在弹出的列表中选择【粗壮柱形图】选项，插入一个柱形图表。

07 单击B9单元格右侧的▼按钮，在弹出的列表中选择【B公司】选项，即可在图表上显示相应的内容。

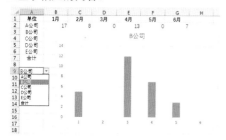

2 添加辅助列

通过公式法添加辅助列制作动态图表的方法如下。

01 选中I1单元格，在【数据】选项卡的【数据工具】组中单击【数据验证】按钮，打开【数据验证】对话框，将【允许】下拉列表设置为【序列】，在【来源】编辑框中输入：

=$B$1:$G$1

02 单击【确定】按钮，完成数据有效性的设置。

03 选中I1单元格，单击单元格右侧的▼按钮，在弹出的列表中选择【1月】选项。

04 选中I2单元格，输入以下公式：

=HLOOKUP($I$1,$A$1:$G$7,ROW(),FALSE)

然后将I2单元格中的公式复制(或填充)到I3:I7区域。

05 选中I1:I7单元格区域，在【插入】选项卡的【图表】组中单击【插入柱形或条形图】按钮，在弹出的列表中选择【粗壮柱形图】选项，插入一个柱形图表。

06 单击I1单元格右侧的▼按钮，在弹出的列表中选择【3月】选项，即可在图表上显示相应的内容。

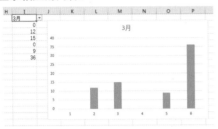

7.6.3 创建数据透视图

数据透视图可以通过更改报表布局或选择不同的字段实现动态图表。在创建数据透视图的过程中，Excel同时也创建了数据透视表，以便为创建的图表提供源数据。

01 选中工作表中的数据源A1:G7区域，在【插入】选项卡的【表格】组中单击【表格】按钮，在打开的【创建表】对话框中单击【确定】按钮。

02 在【插入】选项卡的【图表】组中单击【数据透视图】按钮。

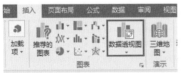

03 打开【创建数据透视表】对话框，选

中【现有工作表】单选按钮，在【位置】编辑框中输入：

Sheet1!$I$1

04 单击【确定】按钮，打开【数据透视图字段】窗格，将【单位】字段拖动至【筛选器】列表框中，然后选中【1月】~【6月】等6个复选框。

05 创建如下图所示的数据透视图。

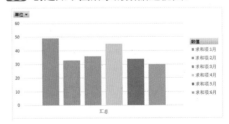

06 此时，单击J1单元格右侧的▼按钮，

在弹出的列表中选择【选择多项】复选框，再选中【A公司】复选框。

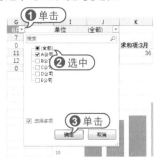

07 单击【确定】按钮后，将在数据透视图中动态显示所选公司的汇总数据。

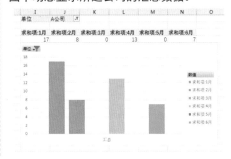

7.7 打印与输出图表

在Excel中完成图表的制作后，可以根据需要将其打印或输出为图片或PDF文件，以便在日常办公中使用。

7.7.1 打印图表

下面将介绍打印Excel图表的一些方法和技巧。

1 整页打印图表页

选中图表工作表或工作表中插入的图表对象，单击【开始】按钮，在弹出的菜单中选择【打印】命令(或按下Ctrl+P组合键)，在显示的打印预览界面中设置打印机、打印份数、纵向/横向、纸张大小、边距等选项，单击【打印】按钮即可将图表打印在纸张整页上。

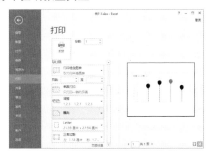

2 作为表格的一部分打印图表

选中工作表中的任意单元格，单击

Excel状态栏上的【页面布局】按钮，显示页面布局视图。

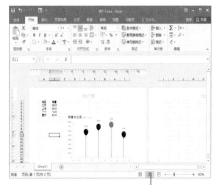

页面布局

调整窗口右侧和下侧的边距，使打印内容在同一页内，按下Ctrl+P组合键，在显示的打印界面中单击【打印】按钮即可。

3 不打印工作表中的图表

在图表上右击鼠标，在弹出的菜单中选择【设置图表区区域格式】命令，打开【设置图表区格式】窗格，单击【大小与属性】按钮，展开【属性】选项区域，取消【打印对象】复选框的选中状态。

选中工作表中的任意单元格，按下Ctrl+P组合键，在打开的打印界面中单击【打印】按钮，即可设置Excel打印工作表内容而不打印工作表中插入的图表。

7.7.2 输出图表

在Excel中，用户可以通过设置将图表单独输出成PDF或图片文件，具体方法如下。

● 将图表输出为PDF文件：单击【开始】按钮，在弹出的菜单中选择【另存为】命令(或按下F12键)，打开【另存为】对话框，在该对话框中将【保存类型】设置为PDF，然后单击【保存】按钮即可将图表保存为PDF文件。

● 将图表另存为图片文件：按F12键打开【另存为】对话框，在该对话框中将【保存类型】设置为"网页(*.htm;*.html)"，然后单击【保存】按钮将图表保存为网页。在保存的网页文件夹(后缀名为.files)中即可找到图表的对应图片，格式为PNG。

7.8 进阶实战

本章的进阶实战部分将通过实例操作介绍制作一个如下图所示的簇状条形图表的方法，帮助用户通过案例操作巩固所学的知识。

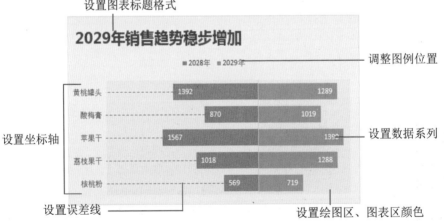

【例7-9】创建一个簇状条形图表。
● 视频 (光盘素材\第07章\例7-9)

01 在工作表中输入数据源，并编辑数据源，将"2028年"的数据复制到D列并将数据更改为负数。

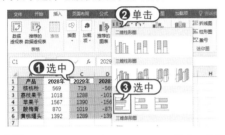

	A	B	C	D
1	产品	2028年	2029年	2028年
2	核桃粉	569	719	-569
3	荔枝果干	1018	1288	-1018
4	苹果干	1567	1390	-1567
5	酸梅膏	870	1019	-870
6	黄桃罐头	1392	1289	-1392
7				

02 按住Ctrl键选中A1:A6、C1:D6区域，在【插入】选项卡的【图表】组中单击【插入柱形图或条形图】按钮，在弹出的列表中选择【簇状条形图】选项。

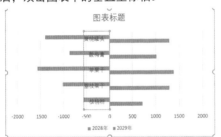

03 在工作表中插入下图所示的条形图后，双击图表中的垂直坐标轴。

04 打开【设置坐标轴格式】窗格，展开【标签】选项区域，将【与坐标轴的距离】设置为0，将【标签位置】设置为【低】。

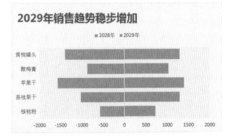

05 选中图表中的数据系列，在【设置数据系列格式】窗格中，将【系列重叠】设置为100%，将【分类间距】设置为40%。

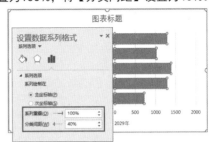

06 分别设置图表绘图区、图表区的背景颜色，并输入图表标题。

07 选择【设计】选项卡，在【图表布局】组中单击【添加图表元素】按钮，在弹出的列表中选择【图例】|【顶部】选项，将图表的图例显示在顶部。

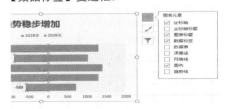

08 选中"2028年"数据标签，单击图表右上角的【+】按钮，在弹出的列表中选择【数据标签】复选框。

09 选中数据标签上显示的数据标签，在【设置数据标签格式】窗格中单击【标签选项】按钮 ▮▮，在显示的选项区域中展开【数字】选项区域，将【类别】设置为【自定义】，在【格式代码】编辑框中输入0;0;0，然后单击【添加】按钮。

10 保持数据标签的选中状态，选择【格式】选项卡，在【图表布局】组中单击【添加图表元素】按钮，在弹出的列表中选择【数据标签】|【数据标签内】选项。

11 选择【开始】选项卡，在【字体】组中单击【字体颜色】按钮 ▲ ，将数据标签的字体颜色设置为白色，效果如下。

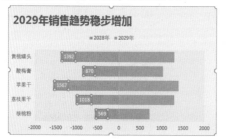

12 重复以上操作，设置"2029年"数据系列上的数据标签。

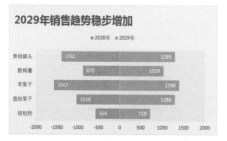

13 选中图表底部的水平坐标轴，在【设置坐标轴格式】组中将坐标轴的边界最大值设置为1500，最小值设置为-2500。

14 按下Delete键删除水平坐标轴，选中"2028年"数据系列，单击图表右上方的【+】按钮，在弹出的列表中选中【误差线】复选框，然后选中显示的误差线。

15 在【设置误差线格式】窗格中选中【负偏差】和【无线端】单选按钮。此时，图表效果如下图所示。

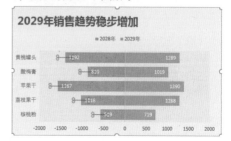

16 在【误差量】选项区域中选中【自定义】单选按钮，单击【指定值】按钮，在打开的对话框中设置【正错误值】为50，设置【负错误值】为2500。

17 最后，设置误差线的线型和颜色，完成图表的制作。

7.9 疑点解答

● 问：如何将Excel图表加数据导入PPT？

答：最简单的方法是：选中Excel中的数据和图表，按下Ctrl+C组合键，然后切换PowerPoint中的幻灯片，按下Ctrl+V组合键执行"粘贴"命令即可。

第8章

PPT幻灯片的创建与设计

PowerPoint是现代商务办公中制作PPT必不可少的重要工具，其广泛应用于各种会议、教学、产品展示等方面。本章将通过实例操作，详细介绍使用PowerPoint设计并制作PPT的基本流程与方案。

对应光盘视频

例8-1 在PPT中插入占位符
例8-2 制作样机演示效果
例8-3 使用旋转后的占位符
例8-4 居中对齐PPT占位符
例8-5 制作圆形占位符
例8-6 制作文本状占位符

例8-7 制作嵌套文本效果
例8-8 制作印章效果文本
例8-9 制作撕裂效果文本
例8-10 制作磨砂效果文本
例8-11 利用图形剪裁图片
本章其他视频文件参见配套光盘

8.1 PPT的常见应用与主要功能

PowerPoint 是一款功能强大的专业演示文稿制作软件(简称PPT)。演示文稿由"演示"和"文稿"两个词语组成，其实这已经很好地表达了它的作用，也就是用于演示某种效果而制作的文档，主要用于会议、产品展示和教学课件等领域。演示文稿可以很好地拉近演示者和观众之间的距离，让观众更容易接受演示者的观点，让观点有力量。

8.1.1 常见应用

根据PPT的应用功能分类，可以把PPT分为演讲型和阅读型两种。

1 演讲

最初，开发PowerPoint的目的就是为各种商业活动提供一个内容丰富的多媒体产品或服务演示的平台，帮助产品负责人向最终用户演示产品或服务的优越性。

根据演讲型PPT的特点，整个舞台上核心是演讲人，所以不能把演讲稿的文字放在PPT上让听众去读，这样的话会让听众偏于阅读，不会重视演讲人的存在。

在制作演讲型PPT时，我们需要把演讲稿所讲述的内容尽量地图片化和数据化。这样听众能看到所呈现的内容，但单看又不能全懂，只能听演讲者去解释所呈现的内容。

2 阅读

阅读型PPT是对于一个项目，一些策划等的呈现。这类PPT的制作是根据文案、策划书等进行的。阅读型PPT的特点就是不需要他人的解释读者能自己看懂，所以一个页面上会呈现出大量的信息(但不是把文案全部内容分页搬到PPT上)。

另外，用户阅读型PPT还需要把文案中的重点部分摘出来，把文案中部分内容舍去。同时，根据内容的需要添加图片、说明性数据图表和视频等。

8.1.2 主要功能

随着PowerPoint软件版本的不断提升，其新增功能将越来越多，越来越强大，但作为一款专业的PPT制作软件而言，它的所有功能都是围绕着PPT制作而设计的，具体如下。

🔘 创建与编辑PPT文档。

🔘 在PPT中插入图片、图形、艺术字及表格。

🔘 在PPT中设置切换动画与对象动画。

🔘 在PPT中插入和编辑声音和视频。

🔘 在PPT中设置用于实现交互效果的超链接和动作按钮。

🔘 将PPT文件打印或输出为其他格式。

8.2 插入与管理幻灯片

幻灯片是演示文稿的重要组成部分，因此在开始制作PPT前需要掌握幻灯片的管理方法，主要包括选取幻灯片、插入幻灯片、移动与复制幻灯片、删除幻灯片等。

幻灯片列表 ——————— 当前幻灯片

演示文稿由幻灯片组成，在PowerPoint窗口左侧的幻灯片列表中，可以参考以下方法选取幻灯片。

🔘 选择单张幻灯片：在上图所示的PowerPoint窗口左侧的幻灯片列表中，单击幻灯片缩略图，即可选中该幻灯片，并在幻灯片编辑窗口中显示其内容。

🔘 选择编号相连的多张幻灯片：单击起始编号的幻灯片，然后按住Shift键，单击结束编号的幻灯片，此时两张幻灯片之间的多张幻灯片被同时选中。

🔘 选择编号不相连的多张幻灯片：在按住Ctrl键的同时，依次单击需要选择的每张幻灯片，即可同时选中单击的多张幻灯片。在按住Ctrl键的同时再次单击已选中的幻灯片，则取消选择该幻灯片。

🔘 选择全部幻灯片：按下Ctrl+A组合键，即可选中当前演示文稿中的所有幻灯片。

在完成对幻灯片的选取后，就可以分别对选中的幻灯片执行插入、复制或删除等操作。

8.2.1 插入幻灯片

要在PPT中插入新幻灯片，可以通过【幻灯片】组插入，也可以通过右击插入，还可以通过键盘操作插入。下面将分别介绍这几种插入幻灯片的方法。

🔘 通过【幻灯片】组插入：选择【开始】选项卡，在【幻灯片】组中单击【新建幻灯片】按钮，在弹出的列表中选择一种版式，即可将其作为当前幻灯片插入演示文稿。

● 通过右键菜单插入：在幻灯片预览窗格中，选择一张幻灯片，右击该幻灯片，从弹出的快捷菜单中选择【新建幻灯片】命令，即可在选择的幻灯片之后插入一张新的幻灯片。

● 通过键盘操作插入：在幻灯片预览窗格中，选择一张幻灯片，然后按Enter键，或按Ctrl+M组合键，即可快速插入一张与选中幻灯片具有相同版式的新幻灯片。

8.2.2 移动与复制幻灯片

在制作演示文稿时，为了调整幻灯片的播放顺序，此时就需要移动幻灯片。移动幻灯片的方法如下。

01 右击一张幻灯片，从弹出的快捷菜单中选择【剪切】命令，或者按Ctrl+X快捷键。

02 在需要插入幻灯片的位置右击，从弹出的快捷菜单中选择【粘贴选项】命令中

的选项，或者按Ctrl+V快捷键即可。

在制作演示文稿时，为了使新建的幻灯片与已经建立的幻灯片保持相同的版式和设计风格(即两张幻灯片内容基本相同)，可以利用幻灯片的复制功能，复制出一张相同的幻灯片，然后再对其进行适当的修改。复制幻灯片的方法是：右击需要复制的幻灯片，在弹出的菜单中选择【复制幻灯片】命令即可。

复制幻灯片

知识点滴

用户还可以通过鼠标左键拖动的方法复制幻灯片，方法很简单：选择要复制的幻灯片，按住Ctrl键，然后按住鼠标左键拖动选定的幻灯片，在拖动的过程中，出现一条竖线表示选定幻灯片的新位置，此时释放鼠标左键，再松开Ctrl键，选择的幻灯片将被复制到目标位置。

8.2.3 删除幻灯片

在演示文稿中删除多余幻灯片是清除大量冗余信息的有效方法。删除幻灯片的方法主要有以下两种：

● 选择要删除的幻灯片，右击该幻灯片，从弹出的快捷菜单中选择【删除幻灯片】命令。

● 选择要删除的幻灯片，直接按Delete键，即可删除所选的幻灯片。

8.3 使用占位符

每次在演示文稿中添加幻灯片后，其中总会包含一个或多个带有虚线边框的矩形——占位符。占位符是在制作PPT时最常见的一种对象，几乎在创建不同版式的幻灯片中都包含占位符。例如，默认新建的PPT文稿自带的幻灯片包含两个占位符。

空白幻灯片

默认占位符

占位符在PPT中的作用主要有两点：

🔹 提升效率：利用占位符可以节省排版的时间，大大地提升了PPT制作的速度。

🔹 统一风格：风格是否统一是评判一份PPT质量高低的一个重要指标。占位符的运用能够让整份PPT的风格看起来更为一致。

在【开始】选项卡的【幻灯片】组中单击【新建幻灯片】按钮，在弹出的列表中的每张幻灯片的缩略图上可以看到其所包含的占位符的数量、类型与位置。

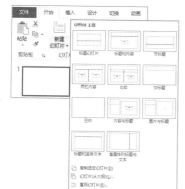

例如选择名为【标题和内容】的幻灯片，将在演示文稿中看到如下图所示的幻灯片，其中包含两个占位符：标题占位符用于输入文字，内容占位符不仅可以输入文字，还可以添加其他类型的内容。

标题占位符

内容占位符

内容占位符中包含6个按钮，通过单击这些按钮可以在占位符中插入表格、图表、图片、SmartArt图示、视频等内容。

插入图表

插入表格　　　　插入 SmartArt 图形

图片　　　插入视频文件

联机图片

掌握了占位符的应用，就可以掌握制作一个完整PPT内容的基本方法。下面将通过几个简单的实例，介绍在PPT中插入并应用占位符，制作风格统一PPT文档的方法。

8.3.1 插入占位符

除了PowerPoint自带的占位符外，还可以插入一些自定义的占位符。

【例8-1】利用占位符在PPT中插入风格统一的图片。

🔵 视频+素材（源文件\第08章\例8-1）

01 选择【视图】选项卡，在【母版视图】组中单击【幻灯片母版】选项，进入幻灯片母版视图，在窗口左侧的幻灯片列表中选中【空白】版式。

空白版式　　幻灯片母版

02 选择【幻灯片母版】选项卡，在【母版版式】组中单击【插入占位符】按钮，在弹出的列表中选择【图片】选项。

03 按住鼠标左键，在幻灯片中绘制一个图片占位符，在【关闭】组中单击【关闭母版视图】选项。

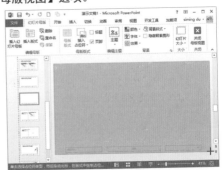

04 在窗口左侧的幻灯片列表中选择第1张幻灯片，选择【插入】选项卡，在【幻灯片】组中单击【新建幻灯片】按钮，在弹出的列表中选择【空白】选项。

05 选中插入的第2张幻灯片，该幻灯片中将包含步骤3绘制的图片占位符。单击该占位符中的【图片】按钮。

06 在打开的【插入图片】对话框中选择一个图片文件，然后单击【插入】按钮。

07 此时，即可在第2张幻灯片中的占位符中插入一张图片。重复以上的操作，即可在PPT中插入多张图片大小统一的幻灯片。

8.3.2 运用占位符

在PowerPoint中占位符的运用可归纳为以下几种类型：

● **普通运用**：普通运用直接插入文字、图片占位符，目的是提升PPT制作的效率，同时也能够保证风格统一(如【例8-1】制作的PPT，就是用普通的占位符设计而成的)。

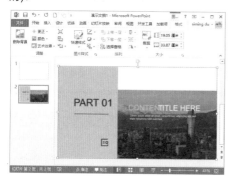

重复运用：在幻灯片中通过插入多个占位符，并灵活排版制作如下图所示的效果。

样机演示：即在PPT中实现电脑样机效果，如下图所示。

【例8-2】在幻灯片中的图片上使用占位符，制作出样机演示效果。
视频+素材 (源文件\第08章\例8-2)

01 按下Ctrl+N组合键创建一个空白演示文稿，选择【视图】选项卡，在【母版视图】组中单击【幻灯片母版】选项，切换至幻灯片母版视图。

02 在窗口左侧的列表中选择【空白】版式。选择【插入】选项卡，在【图像】组中单击【图片】选项，在幻灯片中插入一个如下图所示的样机图片。

03 选择【幻灯片母版】选项卡，在【母版版式】组中单击【插入占位符】选项，在弹出的列表中选择【媒体】选项，然后在幻灯片中的样机图片的屏幕位置绘制一个媒体占位符。

04 在【幻灯片母版】选项卡中单击【关

闭母版视图】按钮，关闭母版视图。选择【开始】选项卡，在【幻灯片】组中单击【新建幻灯片】按钮，在弹出列表中选择【空白】选项，在PPT中插入一个如下图所示的幻灯片。

05 单击幻灯片中占位符内的【插入视频文件】按钮，在打开的对话框中选择一个视频文件，然后单击【插入】按钮，即可在幻灯片中创建如下图所示的样机演示图效果。

8.3.3　调整占位符

调整占位符主要是指调整其大小。当占位符处于选中状态时，将鼠标指针移动到占位符右下角的控制点上，此时鼠标指针变为形状。按住鼠标左键并向内拖动，调整到合适大小时释放鼠标即可缩小占位符。

论文

另外，在占位符处于选中状态时，系统自动打开【绘图工具】的【格式】选项卡，在【大小】组的【形状高度】和【形状宽度】文本框中可以精确地设置占位符大小。

知识点滴

当占位符处于选中状态时，将鼠标指针移动到占位符的边框时将显示形状，此时按住鼠标左键并拖动文本框到目标位置，释放鼠标即可移动占位符。当占位符处于选中状态时，可以通过键盘方向键来移动占位符的位置。使用方向键移动的同时按住Ctrl键，可以实现占位符的微移。

8.3.4　旋转占位符

在设置演示文稿时，占位符可以任意角度旋转。选中占位符，在【格式】选项卡的【排列】组中单击【旋转对象】按钮，在弹出的下拉列表中选择相应选项即可实现按指定角度旋转占位符。

若在上图所示的列表中选择【其他旋转选项】选项，在打开的【设置形状格式】窗格中，用户可以自定义占位符的旋转角度。

通过旋转占位符，我们可以配合各种样机素材图片，制作出倾斜的样机演示效果。

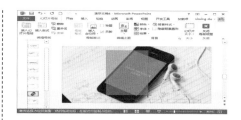

【例8-3】在幻灯片中的图片上使用占位符，制作出倾斜效果的样机演示。
视频+素材 (源文件\第08章\例8-3)

01 切换至幻灯片母版视图，在窗口左侧的列表中选择【空白】版式。

02 在幻灯片编辑窗口中右击鼠标，在弹出的菜单中选择【设置背景格式】命令，打开【设置背景格式】窗格。

03 在【设置背景格式】窗格中选中【图片或纹理填充】单选按钮，然后单击【文件】按钮，在打开的对话框中选择一个图片按钮，并单击【确定】按钮，为幻灯片设置一个背景图片。

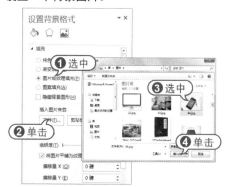

04 选择【幻灯片母版】选项卡，在【母版版式】组中单击【插入占位符】按钮，在弹出的列表中选择【图片】选项，然后拖动鼠标在幻灯片中绘制一个如下图所示的图片占位符。

05 在【格式】选项卡的【排列】组中单击【旋转对象】按钮，在弹出的下拉列表中选择【其他旋转选项】选项。

06 在打开的【设置形状格式】窗格中，调整【旋转】文本框中的参数，即可使幻灯片中的占位符发生旋转，使其适应背景图片中的手机屏幕。

07 在【幻灯片母版】选项卡中单击【关闭母版视图】按钮，关闭母版视图。选择【开始】选项卡，在【幻灯片】组中单击【新建幻灯片】按钮，在弹出列表中选择【空白】选项，插入一个空白幻灯片。

08 单击幻灯片中占位符上的【图片】按钮，在打开的对话框中选择一个图片后，单击【插入】按钮即可在幻灯片中插入下图所示效果的图片。

插入倾斜的图片

Office 2016电脑办公入门与进阶

8.3.5 对齐占位符

如果一张幻灯片中包含两个或两个以上的占位符，用户可以通过选择相应命令来左对齐、右对齐、左右居中或横向分布占位符。

在幻灯片中选中多个占位符，在【格式】选项卡的【排列】组中单击【对齐对象】按钮，此时在弹出的下拉列表中选择相应选项，即可设置占位符的对齐方式。

【例8-4】居中对齐幻灯片中的占位符。
视频+素材 (源文件\第08章\例8-4)

01 在幻灯片母版视图中，选择窗口左侧列表中的【空白】版式，然后在【幻灯片母版】选项卡的【母版版式】组中单击【插入占位符】按钮，在幻灯片中插入下图所示的4个图片占位符，并按住Ctrl键将其全部选中。

02 选择【格式】选项卡，在【对齐】组中单击【对齐对象】按钮，在弹出的列表中先选择【对齐幻灯片】选项，再选择【顶端对齐】选项。

03 此时，幻灯片中的4个占位符将对齐在幻灯片的顶端，效果如下图所示。

04 重复步骤2的操作，在【对齐】列表中选择【横向分布】选项，占位符的对齐效果如下图所示。

05 重复步骤2的操作，在【对齐】列表中选择【上下居中】选项，占位符的对齐效果如下图所示。

06 此时，幻灯片中的4个占位符将居中显示在幻灯片正中央的位置上。

07 在【幻灯片母版】选项卡中单击【关

192

闭母版视图】按钮，关闭母版视图。选择
【开始】选项卡，在【幻灯片】组中单击
【新建幻灯片】按钮，在弹出列表中选择
【空白】选项，在PPT中插入一个如下图
所示的空白幻灯片。

08 分别单击幻灯片中4个占位符上的【图
片】按钮，在每个占位符中插入图片，
即可制作出下图所示的幻灯片效果。

另外，【对齐对象】功能还能够设置
将幻灯片中的占位符对齐于某个对象，或
将幻灯片中的对象对齐于占位符。例如，
在上图中的幻灯片中插入一个文本框，按
住Shift键同时选中一个占位符和文本框。

选择【绘图工具】|【格式】选项卡，
在【排列】组中单击【对齐对象】按钮，

在弹出的列表中先选择【对齐所选对象】选
项，再选择【左右居中】选项。

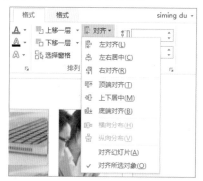

此时，幻灯片中的文本框将自动选择
对齐于选中的占位符。重复同样的操作，
可以在幻灯片中为占位符添加更多的对齐
对象，效果如下所示。

8.3.6 改变占位符的形状

在PowerPoint中，默认创建的占位符
是矩形的。在PPT中，可以让占位符呈现
各种不同形状。

【例8-5】创建一个圆形的图片占位符。
视频+素材 （源文件\第08章\例8-5）

01 在幻灯片母版视图中，选择窗口左
侧列表中的【空白】版式，然后在【幻灯
片母版】选项卡的【母版版式】组中单击
【插入占位符】按钮，在幻灯片中插入一
个图片占位符。

02 选择【插入】选项卡，在【插图】组

中单击【形状】按钮，在弹出的列表中选择【圆形】选项，在幻灯片中的占位符之上绘制一个圆形图形。

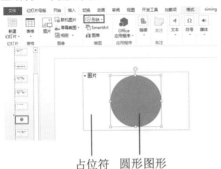

占位符　圆形图形

03 按住Shift键，先选中幻灯片中的占位符，再选中幻灯片中的圆形图形。

04 在【格式】选项卡的【插入形状】组中单击【合并形状】按钮，在弹出的列表中选择【相交】选项。

05 此时，即可在幻灯片中得到一个如下图所示的圆形占位符。

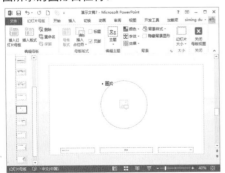

06 在【关闭】组中单击【关闭母版视图】选项，关闭母版视图。

07 选择【开始】选项卡，在【幻灯片】组中单击【新建幻灯片】按钮，在弹出列表中选择【空白】选项，在PPT中插入空白幻灯片。

08 单击幻灯片中占位符内的【图片】按钮，在打开的对话框中选择一个图片文件，并单击【插入】按钮，即可看到占位符中添加图片的效果。

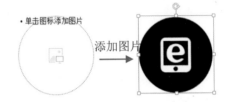

添加图片

利用以上实例介绍的方法，我们可以根据需要设计出各种各样不同的占位符效果。例如，下图页面中所包含的圆。

这些圆的效果都可以用占位符来实现

或者是一些三角形占位符，如下图所示。

甚至可以是一些不规则的矩形占位符，如下图所示。

除此以外，还可以制作出文本形状的占位符。

【例8-6】创建一个文本形状的占位符。
🔵 视频+素材 (源文件\第08章\例8-6)

01 在母版视图中选择【空白】版式后，在幻灯片中插入一个图片占位符，选择【插入】选项卡，在【文本】组中单击【文本框】选项，插入一个文本框，并在其中任意输入一个字。

02 按住Shift键，先选中幻灯片中的占位符，再选中幻灯片中的文本框。在【格式】选项卡的【插入形状】组中单击【合并形状】按钮，在弹出的列表中选择【相交】选项。

03 此时，即可在幻灯片中得到一个如下图所示的文字形状的占位符。

04 在【关闭】组中单击【关闭母版视图】选项，关闭母版视图。在PPT中插入空白版式的幻灯片，单击幻灯片中图片占位符中的【图片】按钮，在占位符中插入图片，可以得到下图所示的效果。

8.3.7 设置占位符属性

在PowerPoint中，占位符、文本框及自选图形等对象具有相似的属性，如对齐方式、颜色、形状样式等，设置它们属性的操作是相似的。选中占位符时，功能区将出现【格式】选项卡。通过该选项卡中的各个按钮和命令，即可设置占位符的属性(方法与Word软件中设置图片属性类似)。

8.4 排版与制作文本

文本是PPT中最基础的元素。在PPT制作过程中，如果能够用好文本，即便没有图片、图形等其他元素的衬托与点缀，PPT也能够很美观。本节将重点介绍设计与排版PPT文本的一些思路和技巧(PowerPoint中设置文本格式的方法与Word基本一致)。

8.4.1 提炼文本信息

在设计一份PPT演讲稿的文本排版时，首先要想清楚PPT中各个部分想要表达的核心观点，核心词汇，并用笔标注出来。

很多时候PPT做的不好不一定因为PPT做的不够精美，制作技术不过关。PPT的优劣大部分都无关于技术层面的设置，而是脑力层次的设计。因为究其本质，PPT只是演讲时的一个辅助工具，而演讲的目的是说服，所以在设计文本内容之初，首先应该要做的就是提炼核心观点，只有观点鲜明突出，逻辑清晰，观众才能更好地接受PPT所要表达的信息。

8.4.2 增加效果对比

完成内容观点的提炼之后，接下来需要在PowerPoint中通过设置让PPT中想要传达的观点在视觉呈现上更加突出。具体的做法是引入对比，有以下3种方法。

1 改变字体大小

默认设置中，在PPT占位符中输入的文字的字号大小都是一样的，看不出什么区别。要突出文本中的核心内容，我们可以通过改变其中几个字的字号，让它和其他字区别开来。

其背后的原理非常简单，文字越大在版面上占的空间就越大，而我们视觉接受信息往往是先看到最大的，其次才是较小的。比如正文我用的是16号字体，那么标题就可以用28号字体。

2 改变文本颜色

在PPT页面中，人们除了会被大的文字吸引，也会被颜色不同的东西所吸引，比如下图所示的页面，用户首先应该注意到的是其中红色的那一把雨伞。

同样的原理我们可以应用在PPT文本上，如果在设计PPT时不想改变字号的大小，可以通过其改变文本的颜色，让它在页面中显得更加突出，例如下图所示。

突出显示的文本

3 填充图形色块

在文本位置填充色块的方法与改变文本颜色的方法类似，用户选择在文本上增加一个色块，而不改变字体的颜色，同样也可以达到增加效果对比的目的。

文本下有图形色块

CLICK TO ADD YOUR TEXT HERE

A man is not old as long as he is seeking
something. A man is not old until regrets take the
place of dreams. I can make it through the rain. I
can stand up once again on my own. One's real
value first lies in to what degree and what sense
he set himself.

8.4.3　设置文本对齐

　　左对齐、居中对齐、右对齐是最基本
的3种对齐方式(本书在介绍Word软件部分
已经介绍过)。无论是文档排版还是PPT
页面排版，我们都要强调页面中的文本对
齐，因为对齐是使整个版面规整的一个非
常重要的要素。

　　在常见的PPT文稿中，根据页面中图
片和版式的需要设置文本对齐后，页面的
美化实现的效果非常明显。

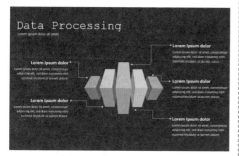

8.4.4　应用线条

　　线条在平面设计当中最常见的有以下
3个作用：引导注意力、划分层次、平衡画
面。下面将逐个解释这3个作用。

1　引导注意力

　　对比下图所示的两张PPT，左图有线
条的页面相对右边没线条的图片更能够吸
引受众的注意力。此处的线条就起了一个
吸引注意力的作用。如果从美学的角度对
比一下，有线条那张明显比没线条的那张
要好看很多，而且更有设计感。

2　划分层次

　　以下图所示为例，该图为没有添加边
框线条的页面效果。

　　在页面中添加线条后的效果如下所示。

　　显然，添加线条后PPT页面中文本层
次感更加强烈，效果也更加美观。

3　平衡画面

　　这种方法非常适用于文字较多的场
景，文字较多时，在PPT中可以把整段的

文字提炼出几项重点，划分为几个层次，这样做可以避免整大段文字破坏了版面的美观。

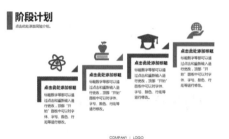

8.4.5 使用线框

在文本四周使用线框的作用是为了使版面规整，在PPT中只摆上文字往往会使页面显得非常单调，并且不够规整，这时如果能在文本周边加入几个矩形，可以制作出如下图所示的效果。

除此之外，如果把文字镶嵌在一种不封闭的矩形线框中，还可以使PPT页面中的文本非常有设计感。

手机壁纸
PHONE

广告集装箱 x LEE·S
Supports say that the ease of presentation software can solve a lot time for people who otherwise would have used other types. Supporters say that the case of use.

8.4.6 制作特殊效果文本

下面将通过几个实例，介绍在PPT中制作一些特殊效果文本的技巧。

1 制作镶嵌效果文本

要在PPT中制作一个镶嵌效果文本，可以借助文本框来实现。

【例8-7】在图片上制作镶嵌效果文本。
🔵 视频+素材 (源文件\第08章\例8-7)

01 在幻灯片中插入一个图片后，选中背景图片，按下Ctrl+D组合键将其复制一份，并将两张图片重叠。

02 选择【插入】选项卡，在【文本】组中单击【文本框】按钮，在弹出的列表中选择【横排文本框】选项，在图片中插入一个文本框并在其中输入文本。

03 先选中复制的背景图片，再按住Ctrl键选中文本框，选择【绘图工具】|【格式】选项卡，在【插入形状】组中单击【合并形状】按钮，在弹出的列表中选择【相交】选项。

04 此时，幻灯片中只剩下一个背景图片，仔细看文本框只留下一个边框。

05 右击文本框，在弹出的菜单中选择【设置图片格式】命令，在打开的窗格中选择【图片】选项，在展开的选项区域中设置亮度和对比度参数为50%和-20%，设置镶嵌文本效果。

2 制作印章效果文本

要制作出印章效果的文本，可以在幻灯片中插入图形，然后设置图形的形状，并在其上编辑文本。

- →

【例8-8】利用图形制作印章效果文本。
🔵视频▶

← -

01 选择【插入】选项卡，在【插图】组中单击【形状】按钮，在弹出的列表中选择【曲线】选项，绘制一个如下图所示的图形。

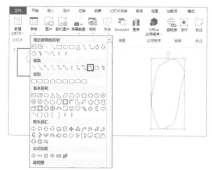

02 选择【格式】选项卡，在【形状样式】组中单击【形状填充】按钮，在弹出的列表中选择【红色】，单击【形状轮廓】按钮，在弹出的列表中选择【无轮廓】选项。

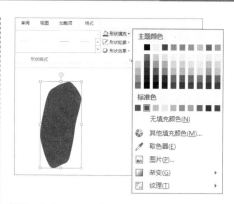

03 右击图形，在弹出的菜单中选择【编辑文字】命令，在图形上添加文本，并设置文本的字体格式，效果如下图所示。

3 制作撕裂效果文本

制作撕裂效果文本有很多种方法，下面介绍其中一种通过绘制自由曲线，并通过执行"拆分形状"操作，制作撕裂效果文本的方法。

- →

【例8-9】制作一个撕裂效果的汉字"爆"。🔵视频▶

← -

01 选择【插入】选项卡，在【文本】组中单击【文本框】按钮，在弹出的列表中选择【横排文本框】选项，在幻灯片中绘制一个文本框并在其中输入一个汉字。

02 在【插图】组中单击【形状】按钮，

在弹出的列表中选择【自由曲线】选项，然后在文字中从上往下绘制一条曲线。

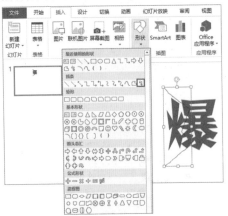

03 按住Shift键，先选中步骤2绘制的曲线，再选中文字。

04 选择【格式】选项卡，在【插入形状】组中单击【合并形状】按钮，在弹出的列表中选择【拆分】选项。

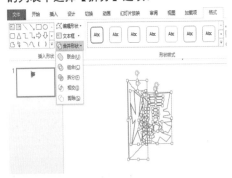

05 在【格式】选项卡的【形状样式】组中单击【形状填充】按钮，在弹出的列表中为拆分后的图形设置"红色"填充。

06 选中图形中多余的部分，按下Delete键将其删除，如下图所示。

07 按住Shift键，选中文字左半边部分，然后右击鼠标，在弹出的菜单中选择【组合】|【组合】命令。

08 此时，文字将被拆分为左右两部分。先选中左半部分的顶部控制点，将文字向左旋转一点；然后选中右半部分顶部的控制点，向右旋转一点，完成撕裂文字效果的制作，效果如下图所示。

4 制作磨砂效果文本

在PowerPoint中，综合使用文本框与图形，可以制作出磨砂效果的文本，具体操作方法如下。

【例8-10】在图片上制作磨砂效果文本。
视频+素材 (源文件\第08章\例8-10)

01 按下Ctrl+N组合键创建一个空白演示文稿，在【开始】选项卡的【幻灯片】组中单击【新建幻灯片】按钮，在弹出的列表中选择【空白】选项，插入一个空白版式的幻灯片。

02 在插入的幻灯片中右击鼠标，在弹出的菜单中选择【设置背景格式】命令，打开【设置背景格式】窗格。

03 在【设置背景格式】窗格中选中【图片或纹理填充】单选按钮，然后单击【文件】按钮，在打开的对话框中选择一个图片素材文件后，单击【插入】按钮。

04 选择【插入】选项卡，在【文本框】组中单击【文本框】按钮，在弹出的列表中选择【横排文本框】选项，在幻灯片中插入一个文本框，在其中输入文本并设置文本格式。

05 选中幻灯片中的文本框，选择【格式】选项卡，在【艺术字样式】组中单击【文本填充】按钮，在弹出的列表中选择【图片】选项。

06 打开【插入图片】对话框，单击【来自文件】选项后的【浏览】选项。

07 打开【插入图片】对话框，选择一个图片素材文件，单击【打开】按钮，设置文本框中文本的填充。

08 选择【插入】选项卡，在【插图】组

中单击【形状】按钮，在弹出的列表中选择【矩形】选项，在幻灯片中绘制一个矩形，将文本框中的文本遮罩住，效果如下图所示。

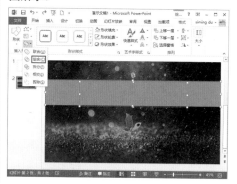

09 先选中幻灯片中的文本框，再选中矩形图形，选择【格式】选项卡，在【插入形状】组中单击【合并形状】按钮，在弹出的列表中选择【组合】选项。

10 右击组合后的图形，在弹出的菜单中选中【设置图片格式】命令，打开【设置图片格式】窗格。

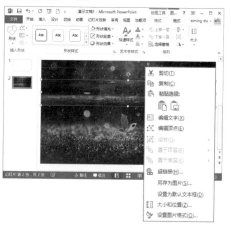

11 在【设置图片格式】窗格中展开【填充】选项区域，选中【纯色填充】单选按钮，单击【颜色】按钮，在弹出的颜色选择器中选择【灰色】色块，然后在【透明度】文本框中输入"46%"。

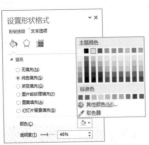

果如下图所示。

12 完成以上设置后，幻灯片中图形的效

8.5 处理图片与图形

在PPT中使用图片和图形不仅能够形象地向观众传达信息，同时还能够更好地吸引观众的眼球。使用PowerPoint在PPT中插入与设置图片和图形的方法与Word软件基本一致，本节将主要介绍在PPT中设计并处理图片与图形效果的经验和技巧。

8.5.1 平铺图片

所谓平铺图片，就是将素材图片直接插入PPT中，略微调整其大小和位置后，搭配相应的文字、图形，实现内容的呈现。

1 全图型

素材图片是决定PPT中图片排版的关键。如果素材图片中如果有比较纯净的部分，可以直接用其占满整张幻灯片，在其上插入文本。同时，使用一些线框、线条，可以增加PPT页面的整体设计感。

如果素材图片比较复杂，可以在其上绘制一些图形，将文本放在图形上，使PPT中要表现的内容看上去比较清晰。

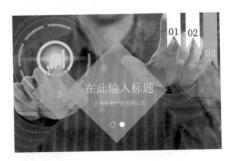

2 缩图型

如果素材图片的画质较低，可以将其缩小放置在页面中。同时选中图片后，在【格式】选项卡的【形状样式】组中单击【形状效果】按钮，为图片设置一些特殊效果(例如阴影)，可以使图片效果显得简约而不简单。

3 多图型

如果需要在一个幻灯片中插入多张素材图片时，用户需要注意合理安排页面中图片、文字的位置，以及页面中的颜色搭配。

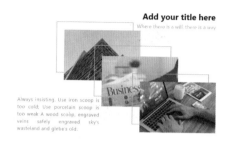

除了上图所示的多图版式以外，还可以使用多张图片铺满整个幻灯片。

8.5.2 裁剪图片

有时，我们在设计PPT时需要让其中的图片看起来有些变化，可以通过添加图形、表格、文本框来"裁剪"图片。

1 利用图形裁剪图片

在幻灯片中选中一个图片后，在【格式】选项卡的【大小】组中单击【裁剪】按钮，在弹出的列表中选择【裁剪为形状】选项，在弹出的子列表中，用户可以选择一种形状用于裁剪图形。

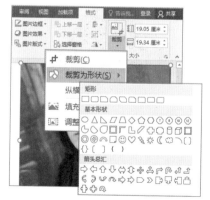

以选择【平行四边形】图形为例，幻

灯片中图形的裁剪效果如下图所示。

除此之外，通过图形还可以将图片裁剪为更多设计感很强的效果，例如下图。

【例8-11】利用绘制的矩形图形裁剪PPT中的图片。

🎬 视频+素材 （源文件\第08章\例8-11）

01 选择【插入】选项卡，在【插入】组中单击【图片】按钮，在幻灯片中插入一个图片，并拖动图片四周的控制柄，将其平铺占满整个幻灯片页面。

02 在【插图】组中单击【形状】按钮，在弹出的列表中选择【矩形】选项，在幻灯片中绘制如下图所示的矩形图形。

03 选中幻灯片中绘制的图形，在【格式】选项卡的【排列】组中单击【旋转】按钮，在弹出的列表中选择【其他旋转选项】选项，打开【设置形状格式】窗格。

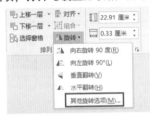

04 在【设置形状格式】窗格中设置形状的【高度】、【旋转】等参数。

05 按下Ctrl+D组合键，将幻灯片中的图形复制多份，并在【设置形状格式】窗格中分别设置其旋转角度。

06 按住Ctrl键，先选中幻灯片中的图片，再选中图形。

07 选择【绘图工具】|【格式】选项卡，在【插入形状】组中单击【合并形状】按

钮，在弹出的列表中选择【拆分】选项。

08 此时，幻灯片中的图形和图片将被拆分，效果如下图所示。

09 选中幻灯片中被拆分图形中多余的部分，按下Delete键将其删除。使用文本框在幻灯片中插入文本，效果如下图所示。

2 利用文本框裁剪图片

通过在多个文本框中填充图片，也可以实现裁剪图片效果，具体如下。

01 选择【插入】选项卡，在【文本】组中单击【文本框】按钮，在弹出的列表中选择【横排文本框】选项，在幻灯片中插入一个横排文本框。

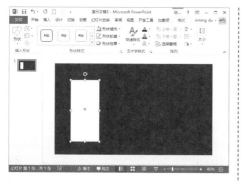

02 按下Ctrl+D组合键，将幻灯片中的文本框复制多份，然后按住Ctrl键选中所有文本框，右击鼠标，在弹出的菜单中选择【组合】|【组合】命令。

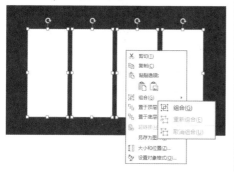

03 右击组合后的文本框，在弹出的菜单中选择【设置形状格式】命令，在打开的窗格中展开【填充】选项区域，选中【图片或纹理填充】单选按钮，并单击【图片】按钮。

04 打开【插入图片】对话框，选择一个图片文件后，单击【打开】按钮。

05 此时，即可在文本框中设置如下图所示的填充图片。

3　利用表格裁剪图片

在PowerPoint中，我们还可以利用插入表格实现图片的裁剪效果，方法如下。

01 在幻灯片中插入一个图片后，在【插入】选项卡的【表格】组中单击【表格】按钮，在弹出的列表中拖动鼠标，绘制一个5行5列的表格。

02 右击表格，在弹出的列表中选择【设置形状格式】命令，在打开的窗格中设置表格的填充颜色(白色)和透明度。

03 拖动表格四周的控制柄，调整表格的大小，使其和图片一样大。

04 将鼠标指针插入表格中的单元格中，在【设置背景格式】窗格中设置单元格的背景颜色和透明度，可以制作出如下图所示的图片裁剪效果。

8.5.3 抠图

在PPT的制作过程中，为了达到理想的页面设计效果，我们经常会对图片进行一些处理。其中，抠图就是图片处理诸多手段中的一种。图片经过抠图处理后能够让PPT页面显得更具设计感。

使用PowerPoint对幻灯片中的图片执行"抠图"操作的具体方法如下。

01 在幻灯片中插入一个图片，选择【插入】选项卡，在【插图】组中单击【形状】按钮，在弹出的列表中选择【任意多边形】按钮⌒，在图片上沿着需要抠图的位置绘制一个闭合的任意多边形。

02 按住Ctrl键，先选中幻灯片中的图片，再选中绘制的多边形。

03 选择【绘图工具】|【格式】选项卡，在【插入形状】组中单击【合并形状】按钮，在弹出的列表中选择【相交】选项。此时幻灯片中的图片效果如下图所示。

04 右击幻灯片中的图片，在弹出的菜单中选择【设置图片格式】命令，打开【设置图片格式】窗格。

05 在【设置图片格式】窗格中单击【效果】按钮，在显示的列表中展开【柔化边缘】选项区域，设置【大小】参数。

06 完成以上设置后，图片的抠图效果如下图所示。

8.5.4 设置蒙版

PPT中的图片蒙版实际上就是遮罩图片上的一个图形。在许多商务PPT的设计中，在图片上使用蒙版，可以瞬间提升页面的显示效果。

在设置PPT时，我们可以为幻灯片中的图片设置单色、局部以及多形状组合等多种蒙版，下面将分别介绍。

1 设置单色蒙版

设置单色蒙版的方法非常简单。具体操作方法如下。

01 在【插入】选项卡的【插图】组中单击【形状】按钮，在幻灯片中的图片上绘制一个与图片一样大小的图形。

02 右击绘制的图形，在弹出的菜单中选择【设置形状格式】命令，在打开的窗格中展开【填充】选项卡，设置相应的【透明度】参数。

蒙版设置前PPT中图片的效果如下所示。

设置蒙版并在其上插入文本后的效果如下所示。

2 设置局部蒙版

设置局部蒙版实际上就是在图片中，为图片的某一部分添加蒙版，其具体设置方法与设置单色蒙版的方法类似。

通过局部蒙版，我们可以实现下图所示的PPT页面效果。

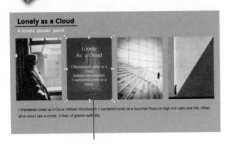

局部蒙版

3 设置形状组合蒙版

将用于创建蒙版的图形组合，我们可以在图片中创建出各种组合蒙版，提升PPT页面的设计效果。

例如圆形叠加组合蒙版。

多个三角形组合蒙版。

多个矩形组合蒙版。

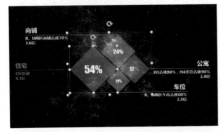

除此之外，通过对图形组合与剪切还可以在PowerPoint中制作出镂空效果的PPT页面。

【例8-12】设置一个镂空页面效果。
视频+素材 (源文件\第08章\例8-12)

01 按下Ctrl+N组合键创建一个空白演示文稿，选择【插入】选项卡，在【插图】组中单击【形状】按钮，在弹出的列表中选择【矩形】选项，插入一个矩形图形填满整个幻灯片，并将其颜色设置为灰色。

02 再次单击【形状】按钮，在弹出的列表中选择【等腰三角形】选项，在幻灯片中绘制一个等腰三角形。

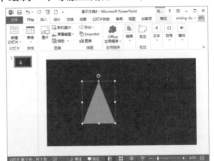

03 按下Ctrl+D组合键将幻灯片中的等腰三角形复制两份，并调整其在幻灯片中的位置和旋转角度。

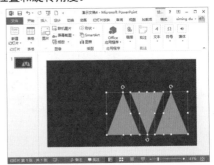

04 右击PowerPoint快速访问工具栏，在弹出的菜单中选择【自定义快速访问工具栏】命令。

05 打开【PowerPoint选项】对话框，单击【从下列位置选择命令】按钮，在弹出的列表中选择【不在功能区中的命令】选项，然后在该选项下方列表中选择【剪除形状】选项，并单击【添加】按钮。

06 在【PowerPoint选项】对话框中单击【确定】按钮后，在PowerPoint窗口左上角的快速访问工具栏中添加【剪除形状】按钮。

07 先选中幻灯片中的灰色矩形背景，按住Ctrl键选中幻灯片中的3个等腰三角形图形，然后单击快速访问工具栏中的【剪除形状】按钮。

剪除形状

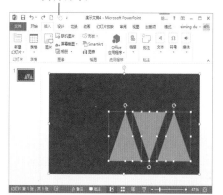

08 此时，蓝色的3个等腰三角形图形将被剪除。

09 在【插入】选项卡的【图像】组中单击【图片】按钮，在幻灯片中插入一张图片，并将其位置调整至幻灯片中3个等腰三角形的上方。

10 右击幻灯片中插入的图片，在弹出的菜单中选择【置于底层】|【置于底层】命令。

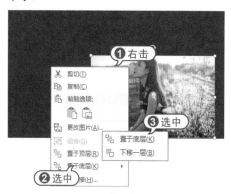

11 此时，即可在幻灯片中制作如下图所示的镂空页面效果。

12 在幻灯片中绘制一个矩形图形，在【设置形状格式】窗格中设置图形的【透明度】参数，然后右击图形，在弹出的菜单中选择【置于底层】|【下移一层】命令，可以创建出下图所示的图片蒙版效果。

8.5.5 使用SmartArt图形

使用SmartArt图形可以非常直观地说

明层级关系、附属关系、并列关系、循环关系等各种常见的逻辑关系，而且所制作的图形漂亮精美，具有很强的立体感和画面感。

在PowerPoint 2016中，用户可以参考以下步骤，使用PPT中的文本直接创建SmartArt图形。

01 选择【插入】选项卡，在【文本】组中单击【文本框】按钮，在幻灯片中插入一个横排文本框，并在其中输入文本。

02 选中幻灯片中的文本框，选择【开始】选项卡，在【段落】组中单击【转换为SmartArt】按钮，在弹出的列表中选择【其他SmartArt图形】选项。

03 打开【选择SmartArt图形】对话框，选择一种图形样式后，单击【确定】按钮。

04 此时，即可将幻灯片中的文本转换为SmartArt图形，拖动图形四周的控制柄，可以调整其大小。

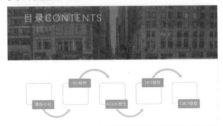

选中幻灯片中的SmartArt图形，右击鼠标，在弹出的菜单中选择【组合】|【取消组合】命令，取消图形的组合状态。此时，用户可以对SmartArt图形中的小图形执行删除、调整大小和编辑文本等操作。

8.6 应用声音与视频

声音和视频是制作多媒体幻灯片的基本要素。在制作幻灯片时，用户可以根据需要插入声音和视频，向观众增加传递信息的通道，增强演示文稿的感染力。

8.6.1 在PPT中应用声音

用户可以通过多种途径在PPT中应用声音，并根据演示需求设置声音的播放。

1 插入声音

在PPT中插入声音的方法有以下4种。

● 直接插入音频文件：选择【插入】选项卡，在【媒体】组中单击【音频】按钮，在弹出的列表中选择【PC上的音频】选项，在打开的【插入音频】对话框中，用户可以将电脑中保存的音频文件直接插入PPT中。

● 为对象动画设置声音：在【动画】选项

卡的【高级动画】组中单击【动画窗格】按钮，打开【动画窗格】窗口，双击需要设置声音的动画，在打开的对话框中选择【效果】选项卡，单击【声音】按钮，在弹出的列表中选择【其他声音】选项，即可为PPT中对象动画设置声音效果。

● 为幻灯片切换动画设置声音：选择【切换】选项卡，在【切换到此幻灯片】组中为当前幻灯片设置一种切换动画后，在【计时】组中单击【声音】按钮，在弹出的列表中选择【其他声音】选项，可以将电脑中保存的音频文件设置为幻灯片切换时的动画声音。

● 录制幻灯片演示时插入旁白：选择【幻灯片放映】选项卡，在【设置】组中单击【录制幻灯片演示】按钮，在打开的【录制幻灯片演示】对话框中选中【旁白、墨迹和荧光笔】复选框后，单击【开始录制】按钮。此时，幻灯片进入全屏放映状态，用户可以通过话筒录制幻灯片演示旁白语音，按下Esc键结束录制，PowerPoint将在每张幻灯片的右下角添加语音。

2　设置PPT声音循环播放

在幻灯片中插入电脑中保存的音频文件后，将在幻灯片中插入如下图所示的声音图标。

声音图标在PPT放映时不会显示，用户选中该图标后，在【播放】选项卡的【音频选项】组中选中【循环播放，直到停止】复选框即可设置PPT中的音乐循环播放。

3　设置音乐在多页面连续播放

在PPT中插入电脑中的音频文件后，在【动画】选项卡的【高级动画】组中单击【动画窗格】按钮，打开【动画窗格】

窗格，双击幻灯片中的音频。

打开【播放音频】对话框，在【停止播放】选项区域中选中【在】单选按钮，并在该选项后的编辑框中输入音频文件停止播放的幻灯片，单击【确定】按钮。

此时，按下F5键放映PPT，其中的声音将一直播放到上图所指定的幻灯片。

如果用户需要设置PPT中的背景音乐连续播放，可以在【播放音频】对话框中选择【计时】选项卡，单击【重复】按钮，在弹出的列表中选择【直到幻灯片末尾】选项即可。

8.6.2 在PPT中插入视频

PowerPoint中的影片包括视频和动画。用户可以在幻灯片中插入的视频格式有十几种，而插入的动画则主要是GIF动画。

1 插入视频

选择【插入】选项卡，在【媒体】组中单击【视频】按钮下方的箭头，在弹出的下拉列表中选择【PC上的视频】选项。

打开【插入视频文件】对话框，选中一个视频文件后，单击【插入】按钮，即可在PPT中插入一个视频。拖动视频四周的控制点，调整视频大小；将鼠标指针放置在视频上按住左键拖动，调整视频的位置，使其和PPT中的其他元素的位置相互协调。

图片　　　　　　　拖动视频

选中PPT中的视频，在【视频工具】|【播放】选项卡中，可以设置视频的淡入、淡出效果，播放音量，是否全屏播放，是否循环播放以及开始播放的触发机制。

2 插入录屏

在PowerPoint 2016中，用户可以使用软件提供的"录屏"功能，录制屏幕中的操作，并将其插入PPT中，具体方法如下。

01 选择【插入】选项卡，在【媒体】组中单击【屏幕录制】按钮。

02 在显示的工具栏中单击【选择区域】按钮，然后在PPT中按住鼠标左键拖动，设定录屏区域。

03 单击上图所示工具栏中的【录制】按钮●，在录屏区域中执行录屏操作，完成后按下Win+Shift+Q组合键，即可在PPT中插入一段录屏视频。

04 调整录屏视频的大小和位置后，单击其下方控制栏中的▶按钮，即可开始播放录屏视频。

3 解决PPT中视频和音频的冲突

当同一个幻灯片中插入了自动播放的背景音乐和视频后，用户可以参考下面介绍的方法，设置背景音乐暂停播放，当视频播放结束后，背景音乐继续播放而不是从头播放。

01 在幻灯片中设置背景音乐后，选择【插入】选项卡，在【文本】组中单击【对象】按钮，打开【插入对象】对话框，选中【Microsoft Powerpoint演示文稿】选项，然后单击【确定】按钮。

02 在幻灯片中再插入一个嵌套演示文稿，将鼠标指针插入嵌套演示文稿中，选择【插入】选项卡，在【媒体】组中单击【视频】按钮，在弹出的列表中选择【PC上的视频】选项，插入一个视频。

03 单击幻灯片空白处，按下F5键放映幻灯片，在幻灯片中单击视频，背景音乐将暂停并播放视频，视频播放完毕后，背景音乐继续开始播放。

8.7 设置超链接

超链接是指向特定位置或文件的一种链接方式，可以利用它指定程序的跳转位置。超链接只有在幻灯片放映时才有效。在PowerPoint中，超链接可以跳转到当前演示文稿中的特定幻灯片、其他演示文稿中特定的幻灯片、自定义放映、电子邮件地址、文件或Web页上。

只有幻灯片中的对象才能添加超链接，备注、讲义等内容不能添加超链接。幻灯片中可以显示的对象几乎都可以作为超链接的载体。添加或修改超链接的操作一般在普通视图中的幻灯片编辑窗口中进行，而在幻灯片预览窗口的大纲选项卡中，只能对文字添加或修改超链接。

8.7.1 创建超链接

在PowerPoint 2016中放映演示文稿时，为了便于切换到目标幻灯片，可以在幻灯片中添加超链接。

01 选中并右击幻灯片中需要设置超链接的对象(图片、文本等)，在弹出的菜单中选择【超链接】命令。

02 打开【插入超链接】对话框，在【链接到】列表中选中【本文档中的位置】选项，在【请选择文档中的位置】列表中选择一个链接目标幻灯片，然后单击【确定】按钮。

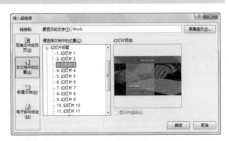

03 此时，将在选中的幻灯片对象上设置一个超链接，按下F5键放映幻灯片，单击幻灯片中的超链接，即可切换相应的幻灯片。

8.7.2 删除超链接

在PowerPoint中，用户可以使用以下两种方法删除幻灯片中添加的超链接。

● 通过【编辑超链接】对话框删除超链接：选择幻灯片中添加的超链接对象，打开【插入】选项卡，在【链接】组中单击【超链接】按钮，然后在打开的【编辑超链接】对话框中单击【删除链接】按钮。

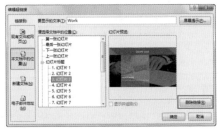

● 右击幻灯片中的超链接，在弹出的菜单中选中【取消超链接】命令。

8.8 PPT中图标的使用技巧

在PPT中，使用图标可以使页面效果更有趣、更直观。通过图标组合出的图片，比大段文字更加形象、有趣。本节将主要介绍PPT中图标的获取和使用技巧。

8.8.1 图标的获取

图标作为一个视觉识别元素，在PPT中可以使页面增色不少。以下图所示的两个页面为例。

一眼看去，加了图标的页面更能直观地表达页面所要说明的内容。

那么，如何获取用于PPT中的各种图标呢？下面将推荐两个常用的免费图标下载网站。

🌀 Iconfont(www.iconfont.cn)：阿里巴巴矢量图标库，非常不错的图标下载网站，里面有80多万个图标可供用户无限量下载。并提供了SVG、AI、PNG三种格式供用户选择。

🌀 Easyicon(www.easyicon.net/)：一个非常好用的图标下载网站，里面有很多图标可供下载，据其宣传有50多万个免费的图标可供用户尽情选择。

8.8.2 图标的使用

在知道了图标的下载方法后，就可以在PPT中使用下载的图标。一般情况下，图标在页面中有以下几种应用方法。

🌀 搭配文本：指的是在PPT页面中，针对文字搭配图标。

🌀 增加边框：在页面中为图标增加一个边框，使页面有一些设计感。

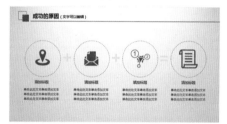

🌀 增加色块：在图标背景处增加一些色块，使图标的效果与PPT页面有一个鲜明的对比。

除此之外，在使用图标时，用户还可以根据页面设计的需要设计出各种布局特殊的效果。例如，下图中的图标点击效果。

将许多图标组合成一个图，用于配合PPT页面文本内容的介绍。

结合图形制作出坐标图，用于说明演示内容的变化。

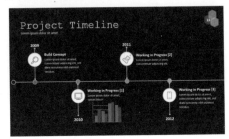

将图标做成大小不一的形状，制作出立体的PPT页面效果。

8.9 PPT中颜色的搭配技巧

一个PPT要有让人眼前一亮的感觉，除了不错的设计与布局之外，配色也很重要，颜色搭配的好与否，会影响到整个PPT的风格和整体品位。

在PowerPoint中，用户可以直接为PPT选择红、橙、黄、绿、蓝、紫等6种主色，以及6种主色之外的相近色(红橙、黄橙、黄绿、蓝绿、蓝紫、紫红等)，色轮如下所示。

🔵 互补色搭配：互补色就是色轮上互相对应的颜色互补。如下图所示就是红配绿、蓝配橙、紫配黄、蓝紫配黄橙(一般情况下，为了避免主色太过于艳丽，都会降低颜色的纯度)。

在一般情况下，PPT的配色方法有以下几种。

🔵 相近色搭配：即色轮中左右两个邻近的色彩进行搭配，如下图所示就是红、红橙、紫红；黄、黄橙、橙等。

🍀 三色搭配：这种色彩搭配通常都鲜亮活泼。在运用三色搭配时应尽量不要用3种纯色进行搭配，要使用纯色降纯后的灰度色，并为3种颜色设计一个主次关系，一个颜色为主，另两个为辅，例如橙、紫、绿；红、黄、蓝等。

除了以上常见的几种配色以外，还有矩形色系、方形色系，由于颜色较多，较难把握，不适合没有色彩知识的用户使用，这里就不详细讲解了。

下面将介绍几种适用于新手设计PPT配色方案的技巧。

8.9.1 借鉴配色网站

一般用户在制定配色方案时，可以参考一些配色网站上提供的配色方案来设计自己的PPT，例如：

🍀 配色网(www.peise.net)：网站提供色彩的分析以及颜色搭配的方案。

🍀 千图网(www.58pic.com/peise)：该网站提供3种颜色的配色组合，当PPT中涉及3种颜色的搭配可以参考该网站给出的配色方案。

🍀 NIPPON COLORS：该网站虽然不提供配色方案，但可以提供底色，而且整页

显示，用户很容易就能在上面找到喜欢的颜色(nipponcolors.com)。

8.9.2 利用取色器制作色卡

PowerPoint软件自带一种叫作"取色器"的工具，利用该工具，用户能够迅速从图片中提取颜色，从而可以帮助用户将图片或其他PPT模板中的颜色提取出来，制作成色卡用于自己的PPT中。

从图片中提取的颜色

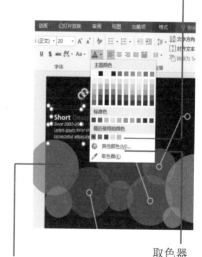

取色器

激活取色器后单击图片即可提取颜色

8.9.3 合理搭配三色

PPT通常使用三类颜色(三类不等于三

种)，分别是主色、底色和跳色。其中主色通常用于文字，底色用于背景，跳色用于强调，主要为色块、线条。

主色

调色

底色

主色主要用于文字，一般可以设置为黑色或者深灰色。个别需要强调的可以适当突出。

底色通常使用白色为佳(切忌使用太过于艳丽的颜色)，也有一些PPT为了配合素材图片会使用深蓝色或者灰色作为底色。

跳色是一张PPT中除了底色和主色之外，用来修饰和突出内容的颜色，例如上图中间区域中的蓝色色块。

在设计PPT三色搭配时，用户首先应根据要表现的主题、Logo确定调色，再根据调色为PPT选择一种能够体现调色突出效果的底色，最后再确定选择使用白色或浅色的主色(搭配灰色可以使效果更好)。

8.10 进阶实战

本章的进阶实战部分将通过实例操作制作一个如下图所示的幻灯片，帮助用户快速掌握制作PPT页面的基本流程。

设置占位符并在其中插入图片

输入并设置幻灯片文本

设置蒙版

制作三角形线框和图形

【例8-13】制作一个PPT页面。
🎬 视频+素材 (光盘素材\第08章\例8-13)

01 按下Ctrl+N组合键创建一个空白演示文稿后，选择【视图】选项卡，在【母版视图】组中单击【幻灯片母版】按钮，进

入幻灯片母版视图。

02 在窗口左侧的列表中选择【空白】版

式，在【幻灯片母版】选项卡的【母版版式】组中单击【插入占位符】按钮，在弹出的列表中选择【图片】选项。

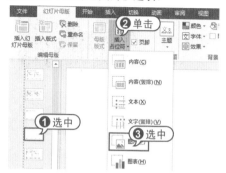

03 按住鼠标左键，在幻灯片编辑区域中绘制一个图片占位符，并调整其位置。

04 选择【幻灯片母版】选项卡，在【关闭】组中单击【关闭母版视图】按钮，关闭幻灯片母版视图。

05 在【开始】选项卡的【幻灯片】组中单击【新建幻灯片】按钮，在弹出的列表中选择【空白】选项。

06 在PPT中插入一个空白幻灯片后，单击该幻灯片中占位符上的【图片】按钮，打开【插入图片】对话框，选择一个图片素材文件后单击【确定】按钮，通过图片占位符在幻灯片中插入一个图片。

07 选择【插入】选项卡，在【插图】组中单击【形状】按钮，在弹出的列表中选择【矩形】选项，然后按住鼠标指针在幻灯片中的图片上绘制一个矩形图形，使其正好将图片遮盖住。

08 右击绘制的矩形图形，在弹出的菜单中选择【设置形状格式】命令，在打开的窗格中将矩形图形的填充模式设置为【渐变填充】。

09 重复步骤7的操作，在幻灯片中绘制一个等腰三角形，并在【格式】选项卡的【形状样式】组中，将其【形状填充】颜色设置为【黑色】。

10 选中绘制的等腰三角形，按下Ctrl+D键将其复制一份，然后选中复制的等腰三角形，在【格式】选项卡的【形状样式】组中将其【形状填充】设置为【无填充颜色】，【形状轮廓】设置为【白色】，【粗细】设置为【1.5磅】，使其在幻灯片中的效果如下图所示。

11 选择【插入】选项卡，在【文本】组中单击【文本框】按钮，在弹出的列表中选择【横排文本框】选项。

13 使用同样的方法，在幻灯片中插入一个用于输入内容的文本框，并在其中输入文本，完成本例实例的操作。最后，在窗口左侧的列表中右击第一个幻灯片，在弹出的菜单中选择【删除幻灯片】命令，删除软件默认创建的幻灯片。

12 按住鼠标左键，在幻灯片中绘制一个横排文本框，在其中输入标题文本"1"，并在【开始】选项卡的【字体】组中设置文本的字体格式和大小。

8.11 疑点解答

问：在使用PowerPoint制作PPT时有哪些实用的快捷操作？

　　答：PowerPoint 2016中常用的快捷键如下。

● F5键和Esc键：按下F5键从头开始放映演示文稿，按下Esc键结束放映。

● Shift+F5组合键：从当前正在编辑的幻灯片开始放映演示文稿。

● Alt+S组合键：将当前演示文稿作为电子邮件发送。

● Ctrl+N组合键：快速创建一个空白演示文稿。

● Ctrl+M组合键：在当前幻灯片之后插入一个空白幻灯片。

● Ctrl+W组合键：关闭正在编辑的演示文稿。

● Ctrl+F6组合键：切换到另一个正在编辑的演示文稿。

● Ctrl+Home组合键：将鼠标光标快速定位到演示文稿的第一张幻灯片(首页)。

● Ctrl+End组合键：将鼠标光标快速定位到演示文稿的最后一张幻灯片(尾页)。

● 空格键和Backspace键：按下空格键转到下一张幻灯片，按下Backspace转到上一张幻灯片。

第9章

PPT动画的设定和控制

在PowerPoint中为PPT设置动画包括设置各个幻灯片之间的切换动画和在幻灯片中为某个对象设置的动画。通过设定与控制动画效果,可以使PPT的视觉效果更加突出,重点内容更加生动。

对应光盘视频

例9-1 设置幻灯片切换动画
例9-2 设置拉幕效果动画
例9-3 设置叠影效果动画
例9-4 设置运动模糊动画
例9-5 设置汉字书写动画

例9-6 制作数字钟动画
例9-7 制作浮入动画效果
例9-8 为PPT设置动画效果

9.1 设置幻灯片切换动画

幻灯片切换动画是指一张幻灯片如何从屏幕上消失，以及另一张幻灯片如何显示在屏幕上的方式。幻灯片切换方式可以是简单地以一个幻灯片代替另一个幻灯片，也可以是幻灯片以特殊的效果出现在屏幕上。

在演示文稿中，可以为一组幻灯片设置同一种切换方式，也可以为每张幻灯片设置不同的切换方式。

要为幻灯片添加切换动画，可以选择【切换】选项卡，在【切换到此幻灯片】组中进行设置。在该组中单击▽按钮，将打开如下图所示的幻灯片动画效果列表。

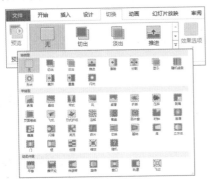

单击选中某个动画后，当前幻灯片将应用该切换动画，并立即预览动画效果。

除此之外，幻灯片中被设置切换动画后，在【切换】选项卡的【预览】组中单击【预览】按钮，也可以预览当前幻灯片中设置的切换动画效果。

完成幻灯片切换动画的选择后，在PowerPoint的【切换】选项卡中，用户除了可以选择各类动画"切换方案"以外，还可以为所选的切换效果配置音效、改变切换速度和换片方式。

动画切换声音　　　　是否在单击时切换

动画持续时间　　　　自动换片的时间

【例9-1】在PPT中为幻灯片添加切换动画。

🎬视频+素材 (光盘素材\第09章\例9-1)

01 打开PPT后，选择【切换】选项卡，在【切换到此幻灯片】组中选择【棋盘】选项。

02 在【计时】选项组中单击【声音】下拉按钮，在弹出的下拉列表中选择【风铃】选项，为幻灯片应用该声音效果。

03 在【计时】选项组的【持续时间】微调框中输入"00.50"。为幻灯片设置持续

时间的目的是控制幻灯片的切换速度，以便查看幻灯片内容。

04 在【计时】组中取消选中【单击鼠标时】复选框，选中【设置自动换片时间】复选框，并在其后的微调框中输入"00:05.00"。

05 单击【全部应用】按钮，将设置好的计时选项应用到每张幻灯片中。

06 单击状态栏中的【幻灯片浏览】按钮，切换至幻灯片浏览视图，查看设置后的自动切片时间。

选中幻灯片，打开【切换】选项卡，在【切换到此幻灯片】组中单击【其他】按钮，从弹出的【细微型】切换效果列表框中选择【无】选项，即可删除该幻灯片的切换效果。

9.2 制作幻灯片对象动画

所谓对象动画，是指为幻灯片内部某个对象设置的动画效果。对象动画设计在幻灯片中起着至关重要的作用，具体有三个方面：一是清晰地表达事物关系，如以滑轮的上下滑动作数据的对比，是由动画的配合体现的；二是更加配合演讲，当幻灯片进行闪烁和变色，观众的目光就会随着演讲内容而移动；三是增强效果表现力，例如设置不断闪动的光影、漫天飞雪、落叶飘零、亮闪闪的效果等。

在PPT中选中一个对象(图片、文本框、图表等)，在【动画】选项卡的【动画】组中单击【其他】按钮，在弹出的列表中即可为对象选择一个动画效果。

除此之外，在【高级动画】组中单击

【添加动画】按钮，在弹出的列表中也可以为对象设置动画效果。

PPT中对象动画包含进入、强调、退出和动作路径等4种效果。其中"进入"是指通过动画方式让效果从无到有；"强调"动画是指本来就有，到合适的时间就显示一下；"退出"是在已存在的幻灯片中实现从有到无的过程；"路径"指本来就有的动画，沿着指定路线发生位置移动。

下面将通过几个具体的动画制作案例，介绍综合利用以上几种动画类型制作各类PPT对象动画的技巧。

9.2.1 制作拉幕动画

很多用户使用PPT演示时习惯使用"出现"动画，比如要依次显示幻灯片上三段文字，就分别添加三个出现动画。这种表现方式虽然简单直接，但在文稿中经常显示，就会使PPT显得有些单调。

下面将介绍一种"拉幕"动画效果，该动画可以通过移动遮盖的幕布逐渐呈现幻灯片，使PPT内演示的内容始终汇聚在文档中最重要的位置上，从而达到吸引观看者注意力的效果。

【例9-2】在PPT中设置一个拉幕效果的对象动画。
🎬视频+素材 (光盘素材\第09章\例9-2)

01 按下Ctrl+N组合键新建一个空白演示文稿后，输入以下文本内容。

02 选择【插入】选项卡，在【插图】组中单击【形状】按钮，在弹出的列表中选择【矩形】选项，在幻灯片中绘制一个矩形图形，遮挡住一部分内容。

03 在【格式】选项卡的【形状样式】组中单击【形状填充】按钮，在弹出的列表中选择【白色】色块。

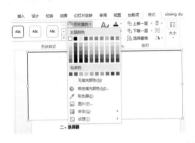

04 在【形状样式】组中单击【形状轮廓】按钮，在弹出的列表中选择【黑色】色块。

05 选择【动画】选项卡，在【高级动画】组中单击【添加动画】按钮，在弹出的列表中选择【更多退出动画】选项，打开【添加退出效果】对话框，选中【切出】选项，然后单击【确定】按钮。

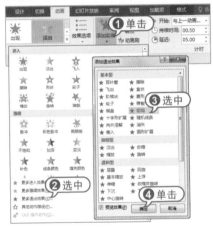

06 选中幻灯片中的矩形图形，按下Ctrl+D组合键复制图形，然后拖动鼠标将复制后的图形复制到如下图所示的位置。

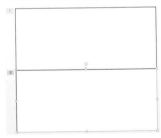

07 在【动画】选项卡的【高级动画】组

中单击【动画窗格】按钮，打开【动画窗格】窗格。

08 在【动画窗格】窗格中按住Ctrl键选中两个动画，右击鼠标，在弹出的菜单中选择【计时】选项。

09 打开【切出】对话框，单击【开始】按钮，在弹出的列表中选择【单击时】选项，单击【期间】下拉按钮，在弹出的列表中选择【非常慢(5秒)】选项，然后单击【确定】按钮。

10 完成以上设置后，幻灯片中动画的效果如下图所示。

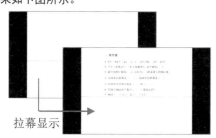

拉幕显示

9.2.2 制作叠影文字动画

在工作汇报等演示场合中，如果需要给 PPT 标题添加具有视觉冲击效果的动

画，以呈现特别重要的信息，用户可以参考下面介绍的方法，在页面中设置叠影动画效果，以实现目标。

【例9-3】设置一个叠影效果的动画。
🎬 视频+素材 (光盘素材\第09章\例9-3)

---

01 选择【插入】选项卡，在【文本】组中单击【文本框】按钮，在弹出的列表中选择【横排文本框】选项，在幻灯片中插入一个文本框并在其中输入文本。

02 选中幻灯片中的文本框，选择【动画】选项卡，在【高级动画】组中单击【添加动画】按钮，在弹出的列表中选择【出现】进入动画。

03 再次单击【添加动画】按钮，在弹出的列表中选择【放大/缩小】强调动画和【淡出】退出动画。

放大/缩小
出现

淡出

04 单击【高级动画】组中的【动画窗格】按钮，在打开的窗格中按住Ctrl键选中所有动画，然后在【计时】组中将【开始】设置为【与上一动画同时】，如下图所示。

05 在【动画窗格】窗格中选中"放大/缩小"动画，在【计时】组中将【持续时间】设置为"00.50"。

06 选中幻灯片中的文本框，按下Ctrl+D组合键将其复制一份，然后在【动画窗格】窗格中按住Ctrl键选中复制文本框的动画组合，在【计时】组中将【延迟时间】设置为"00.10"。

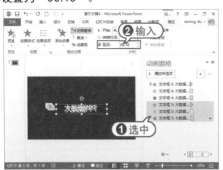

07 拖动鼠标，将幻灯片中的两个文本框对齐。

08 重复步骤6和7的操作，再复制一个幻灯片中的文本框，将其上的所有动画的【延迟时间】设置为"00.20"。此时，【动画窗格】窗格如下图所示。

09 选中幻灯片中的一个文本框，按下Ctrl+D组合键将其复制一份，然后选择复制后的文本框，在【动画】选项卡的【动画】组中选中【淡出】选项，用"淡出"动画替换该文本框中的其他动画。

10 在【计时】组中将"淡出"动画的【开始】参数设置为【与上一动画同时】。

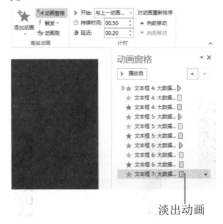

淡出动画

11 按住并拖动鼠标，将幻灯片中的两个文本框对齐。

12 在【预览】组中单击【预览】按钮★，即可预览幻灯片中叠影文字的动画效果。

9.2.3 制作运动模糊动画

　　在PowerPoint中，巧妙地设置各种对象动画，可以制作出类似Flash中的运动模糊动画效果。下面将通过实例详细介绍实现方法。

【例9-4】设置一个运动模糊动画。
视频+素材（光盘素材\第09章\例9-4）

01 选择【插入】选项卡，在【图像】组中单击【图片】按钮，在当前幻灯片中插入一张图片，并按下Ctrl+D组合键将图片复制一份。

02 右击幻灯片中复制的图片，在弹出的菜单中选择【设置图片格式】命令，打开【设置图片格式】窗格，单击【图片】选项，将【清晰度】设置为"-100%"。

03 选中步骤1中插入幻灯片的图片，按下Ctrl+D组合键将其复制一份。按住Shift键拖动复制后的图片四周的控制点将其放大。

04 选择【格式】选项卡，在【大小】组中单击【裁剪】按钮，然后拖动图片四周的裁剪边，裁剪图片的大小，如下图所示。

05 按下Ctrl+D组合键，将裁剪后的图片复制一份，然后选中复制的图片，在【设置图片格式】窗格中将图片的清晰度设置为"-100%"，效果如下图所示。

06 将上图所示4张图片中左上角的图片拖动至幻灯片舞台正中间,选择【动画】选项卡,在【动画】组中选中【淡出】选项,为图片设置"淡出"动画。

07 在【计时】组中单击【开始】按钮,在弹出的列表中选择【与上一动画同时】选项,然后单击【高级动画】组中的【动画窗格】按钮。

08 将第2张图片拖动至幻灯片中与第1张图片重叠,然后为其设置"淡出"动画,并设置【计时】选项为"与上一动画同时"。

09 重复以上操作,设置第3和第4张图片,完成后的效果如下图所示。

10 在【动画窗格】窗格中按住Ctrl键选中所有图片动画,在【动画】选项卡的【计时】组中设置动画的持续时间为"00.50",【延迟】为"00.50"。

11 在【动画窗格】窗格中选中第2个图片动画,在【计时】组中将【延迟】设置为"01.00"。

12 在【动画窗格】窗格中选中第3个图片动画,在【计时】组中将【延迟】设置为"01.50"。

13 在【动画窗格】窗格中选中第4个图片动画,在【计时】组中将【延迟】设置为"02.00"。

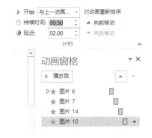

14 最后，在【预览】组中单击【预览】按钮，即可在幻灯片中浏览运动模糊动画效果。

9.2.4 制作汉字模拟书写动画

使用Flash等动画软件实现汉字模拟书写效果的动画非常简单。在PowerPoint 2016中其实也可以实现，原理也基本类似，具体如下。

【例9-5】设置一个模拟汉字书写的动画。
视频+素材 (光盘素材\第09章\例9-5)

01 选择【插入】选项卡，在【文本】组中单击【文本框】按钮，在弹出的列表中选择【横排文本框】选项，在幻灯片中插入一个文本框并在其中输入文字"汉"。

02 在【插图】组中单击【形状】按钮，在弹出的列表中选择【矩形】选项，在幻灯片中绘制一个矩形图形。

03 选中矩形图形，在【格式】选项卡的

【形状样式】组中单击【形状轮廓】按钮，在弹出的列表中选择【无轮廓】选项。

04 将幻灯片中的矩形图片拖动至文本"汉"的上方，然后按下Ctrl+A组合键同时选中幻灯片中的文本框和矩形图形。

05 选择【格式】选项卡，在【插入形状】组中单击【合并形状】按钮，在弹出的列表中选择【拆分】选项。

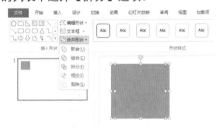

06 矩形图形和汉字将被拆分合并，删除其中多余的图形。

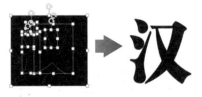

07 此时，幻灯片中的文字将被拆分为以下4个部分。

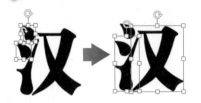

08 选中汉字右侧的"又",按下Ctrl+D组合键,将其复制两份。

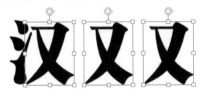

09 选中并右击左侧的"又"图形,在弹出的菜单中选择"编辑顶点"命令,通过拖动控制点对图形进行编辑(右击不需要的控制点,在弹出的菜单中选择【删除顶点】命令),使其效果如下图所示。

10 使用同样的方法,编辑中间和右侧的两个"又"图形,使其效果如下图所示。

11 将拆分后的笔画组合在一起。

12 选中"汉"字的第一笔"、",选

择【动画】选项卡,在【动画】组中选择【擦除】选项,然后单击【效果选项】按钮,在弹出的列表中根据该笔画的书写顺序选择【自顶部】选项,如下图所示。

13 选中"汉"字的第二笔"、",选择【动画】选项卡,在【动画】组中选择【擦除】选项,然后单击【效果选项】按钮,在弹出的列表中根据该笔画的书写顺序选择【自左侧】选项,如下图所示。

14 重复以上操作,为"汉"字的其他笔顺设置"擦除"动画,并根据笔画的书写顺序设置【效果选项】参数。

15 在【动画】选项卡的【高级动画】组中单击【动画窗格】按钮,在打开的窗格中按住Ctrl键选中所有动画,然后在【计时】组中设置动画的"持续时间"和"延迟"。

16 最后，在【预览】组中单击【预览】按钮★，即可在幻灯片中浏览运动模糊动画效果。

9.2.5 制作数字钟动画

在PowerPoint中，用户可以通过设置动作路径动画，实现数字钟动画效果，具体操作步骤如下。

【例9-6】设置一个数字钟动画。
🎬视频+素材 (光盘素材\第09章\例9-6)

01 选择【插入】选项卡，在【插图】组中单击【形状】按钮，在弹出的列表中选择【矩形】选项，在幻灯片中绘制一个矩形图形覆盖整个页面。

02 选择【格式】选项卡，在【形状样式】组中单击【形状轮廓】按钮，在弹出的菜单中选择【无轮廓】选项。

03 重复步骤1、2的操作，在幻灯片中再插入一个矩形图形，并将其设置为"无轮廓"。

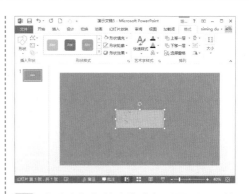

04 先选中幻灯片中的大矩形图形，再按住Ctrl键选中小矩形图形，在【格式】选项卡的【插入形状】组中单击【合并形状】按钮，在弹出的列表中选择【剪除】选项。

05 此时，幻灯片中的大矩形图形将被挖空，形成蒙版。

06 在【插入】选项卡的【文本】组中单击【文本框】按钮，在弹出的列表中选择【横排文本框】选项，在幻灯片中插入一个文本框，并在其中输入文本。

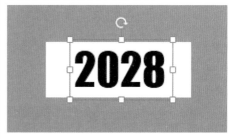

07 设置好文本框中文本的位置后，参照该文本位置将文本框修改为4个文本框，如下图所示。其中，左起第1个文本框中输入

"2"，第2个文本框中输入"0"，第3个文本框中输入"0、1、2"，第4个文本框中输入"0~9"的10个数字。

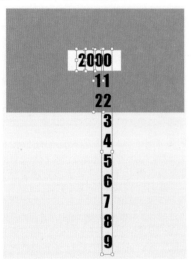

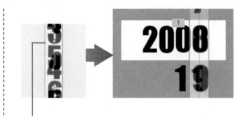

拖动路径控制点

08 选中第4个文本框，在【动画】选项卡的【动画】组中单击【添加动画】按钮，在弹出的列表中选择【直线】动作路径动画。

11 在【计时】组中将【持续时间】设置为10，将【开始】参数设置为【与上一动画同时】。

09 在【高级动画】组中单击【动画窗格】按钮，在打开的窗格中选中添加的动作路径动画，然后单击【动画】组中的【效果选项】按钮，在弹出的列表中选择【上】选项。

12 选中幻灯片中第3个文本框，重复步骤8~11的操作，为该文本框设置"直线"动作路径动画，并调整动画效果，将动画数字2拖动到数字0的位置上。

13 按住Shift键选中幻灯片中的4个文本框，右击鼠标，在弹出的菜单中选择【置于底层】|【置于底层】命令。

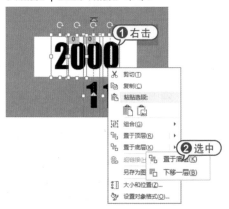

10 用鼠标按住幻灯片中的路径控制点向上拖动，将动画数字8拖动到数字0的位置，如下图所示。

14 最后，将幻灯的背景颜色设置为与矩形图形一致，动画的设置效果如下图所示。

[15] 在【动画】选项卡的【预览】组中单击【预览】按钮★，即可查看数字钟动画的效果。

9.2.6 制作浮入效果动画

通过在多个文本对象上设置"浮入"动画，可以在PPT中创建出文本逐渐进入画面的效果。下面通过实例详细介绍。

【例9-7】设置文本浮入画面的动画效果。
📹 视频▶

[01] 选择【插入】选项卡，在【文本】组中单击【文本框】按钮，在弹出的列表中选择【横排文本框】选项，在幻灯片中插入一个文本框，并在其中输入一个汉字。

[02] 选中幻灯片中的文本框，选择【动画】选项卡，在【高级动画】组中单击【添加动画】按钮，在弹出的列表中选择【浮入】进入动画。

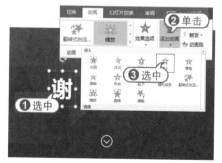

[03] 选中幻灯片中的文本框，按下Ctrl+D

组合键，将其复制多份，然后修改复制文本框中的内容。

[04] 选中幻灯片中所有的文本框，在【动画】选项卡的【动画】组中选中【浮入】选项，为幻灯片中的文本框对象设置"浮入"动画。

[05] 选中幻灯片中的"谢"字和"看"字文本框，在【动画】选项卡的【动画】组中单击【效果选项】按钮，在弹出的列表中选择【下浮】选项。

[06] 在【高级动画】组中单击【动画窗格】按钮，打开【动画窗格】窗格。

[07] 在【动画】选项卡的【计时】组中单击【开始】按钮，在弹出的列表中选择【与上一动画同时】选项，在【持续时间】文本框中输入0.75。

08 在【动画窗格】窗格中选中第2个"谢"字上的动画，在【计时】组中将【延迟时间】设置为01.00。

09 在【动画窗格】窗格中选中"观"字上的动画，在【计时】组中将【延迟时间】设置为02.00；选中"看"字上的动画，将动画的【延迟时间】设置为03.00。

10 在【动画】选项卡的【预览】组中单击【预览】按钮，即可在幻灯片中预览浮入动画的效果。

9.3 PPT动画的时间控制

对很多人来说，在PPT里加动画是一项既复杂又容易出错的操作：要么动画效果冗长拖沓，喧宾夺主；要么演示时手忙脚乱，难以和演讲精确配合。之所以会这样，很大程度是他们不了解如何控制PPT动画的时间。下面将对此进行详细介绍。

实际操作时，文本框、图形、照片的动画时间多长，重复几次？各个动画如何触发？是单击鼠标后直接触发，还是在其他动画完成之后自动触发？触发后是立即执行，还是延迟几秒钟之后再执行？这些设置虽然简单，但却是PPT动画制作的核心。

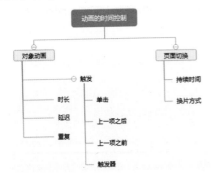

9.3.1 对象动画的时间控制

下面将从触发方式、动画时长、动画

延迟和动画重复等4个方面介绍设置对象动画控制时，用户需要注意的事项。

1 触发方式

PPT对象的动画有3种触发方式，一是通过单击鼠标的方式触发，一般情况下添加的动画默认就是通过单击鼠标来触发的；二是与上一动画同时，指的是上一个动画触发的时候，也会同时触发这个动画；三是上一动画之后，是指上一个动画结束之后，这个动画就会自动被触发。

其中，通过单击鼠标的方式触发又可分为两种，一种是在任意位置单击鼠标即可触发；另一种是必须单击某一个对象才可以触发。前者是PPT动画默认的触发类型，后者就是我们常说的触发器。

触发器

下面以A和B两个对象动画为例，介绍几种动画触发方式的区别。

💡 设置为【单击时】触发：当A、B两个动画都是通过单击鼠标的方式触发时，相当于分别为这两个动画添加了一个开关。单击一次鼠标，第一个开关打开；再单击一次鼠标，第二个开关打开。

💡 设置为【与上一动画同时】触发：当A、B两个动画中B动画的触发方式设置为"与上一动画同时"时，则意味着A和B动画共用了同一个开关，当鼠标单击打开开关后，两个对象的动画就是同时执行。

💡 设置为【上一动画之后】触发：当A、B两个动画中B的动画设置为"上一动画之后"时，A和B动画同样共用了一个开关，所不同的是，B的动画只有在A的动画执行完毕之后才会执行。

💡 设置触发器：而当用户把一个对象设置为对象A的动画的触发器时，意味着该对象变成了动画A的开关，单击对象，意味着开关打开，A的动画开始执行。

2 动画时长

动画的时长就是动画的执行时间，

PowerPoint预设了5种时长，分别为非常快、快、中、慢、非常慢，分别对应0.5~5秒不等，实际上，动画的时长可以设置为0.01秒到59.00秒之间的任意数字。

3 动画延迟

延迟时间，是指动画从被触发到开始执行所需的时间。为动画添加延迟时间，就像是把普通炸弹变成了定时炸弹。与动画的时长一样，延迟时间也可以设置为0.01秒到59.00秒之间的任意数字。

以下图所设置的动画选项为例。

动画被触发后立即执行

上图中的【延迟】参数设置0.5后，动画被触发后，将再过0.5秒才执行。

4 动画重复

动画的重复次数，是指动画被触发后连续执行几次。值得注意的是，重复次数未必非要是整数，小数也可以。当重复次数为小数时，动画执行到一半就会戛然而止。换言之，当一个退出动画的重复次数被设置为小数时，这个退出动画实际上就相当于一个强调动画。

重复次数可以为小数

9.3.2 幻灯片切换时间的控制

与对象动画相比，页面切换的时间

控制就简单得多。页面切换的时间控制是通过两个参数完成的，一个是持续时间，也就是翻页动画执行的时间；另一个是换片方式。当幻灯片切换被设置为自动换片时，所有对象的动画将会自动播放。如果这一页PPT里所有对象的动画执行的总时间小于换片时间，那么换片时间一到，PPT就会自动翻页；如果所有对象的动画总时间大于换片时间，那么幻灯片就会等到所有对象自动执行完后再翻页。

页面切换动画时长

设置有对象的动画是否自动依次执行

9.4 进阶实战

本章的进阶实战部分将通过实例介绍在下图所示的4个PPT页面中设置幻灯片切换动画和对象动画的方法，用户可以通过操作巩固所学的知识。

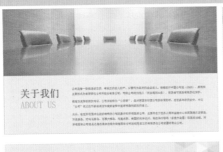

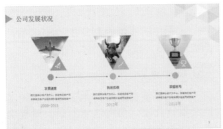

【例9-8】设置4张幻灯片的切换动画和对象动画。

📹 视频+素材 (光盘素材\第09章\例9-8)

01 打开演示文稿后,选择【切换】选项卡,在【切换到此幻灯片】组中单击选中【随机】动画选项。

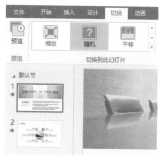

02 在【计时】组中将【持续时间】设置为01.50,并选中【单击鼠标时】复选框。

03 单击【计时】组中的【声音】按钮,在弹出的列表中选择【其他声音】选项。

04 在打开的【添加音频】对话框中选中一个音频文件,然后单击【确定】按钮。

05 在【计时】组中单击【全部应用】按钮,将设置的幻灯片切换动画应用到所有幻灯片中。

06 选择【动画】选项卡,在【高级动画】组中单击【动画窗格】按钮,打开【动画窗格】窗格。

07 选中幻灯片中的图片,在【动画】组中选中【浮入】选项,为图片对象设置一个"浮入"效果的进入动画。

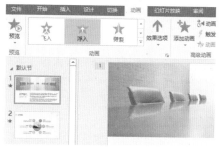

08 在【动画】组中单击【效果选项】按钮,在弹出的列表中选择【下浮】选项。

09 选中幻灯片中左下方的"关于我们"文本框,在【动画】选项卡的【高级动画】组中单击【添加动画】选项,在弹出的列表中选择【更多进入效果】选项。

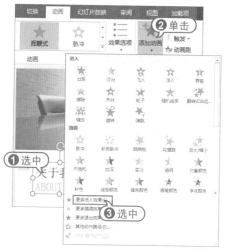

10 打开【添加进入效果】对话框,选中【挥鞭式】选项后,单击【确定】按钮。

11 选中幻灯片右下角包含大段文本的文本框，在【动画】选项卡的【动画】组中选中【浮入】选项，并单击【效果选项】按钮，在弹出的列表中选择【上浮】选项。

12 在【动画窗格】窗格中选中编号为3的动画，右击鼠标，在弹出的列表中选择【计时】选项。

13 在打开的对话框中，单击【开始】按钮，在弹出的列表中选择【与上一动画同时】选项，在【延迟】文本框中输入0.5。

14 单击【确定】按钮，返回【动画窗格】窗格，各对象动画的设置如下图所示。

15 选择【视图】选项卡，在【母版视图】组中单击【幻灯片母版】按钮，切换至幻灯片母版视图，然后在窗口左侧的版式列表中选中【标题和内容】版式，并选中版式中的三角形图形。

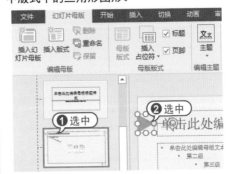

16 选择【动画】选项卡，在【动画】组中选中【飞入】选项，然后单击【效果选项】按钮，在弹出的列表中选择【自左侧】选项。

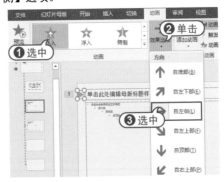

17 选中母版中的标题占位符，然后重复步骤9、10的操作，打开【添加进入效果】对话框，选中【挥鞭式】选项后，单击

【确定】按钮，为占位符设置"挥鞭式"动画效果。

18 在【计时】组中单击【开始】按钮，在弹出的列表中选择【与上一动画同时】选项，然后在【幻灯片母版】选项卡中单击【关闭母版视图】按钮，关闭幻灯片母版视图。

19 选中幻灯片中的椭圆图形，在【动画】选项卡的【高级动画】组中单击【添加动画】按钮，重复步骤9、10的操作，为图形设置【升起】进入动画。

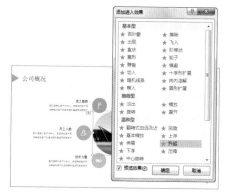

20 按住Ctrl键选中幻灯片中的6个图标，在【动画】选项卡中单击【添加动画】按钮为其设置"回旋"进入动画。

21 按住Ctrl键选中幻灯片中的6个文本框，在【动画】选项卡的【动画】组中为其设置【飞入】动画效果。

22 按住Ctrl键选中幻灯片左侧的3个文本框，在【动画】选项卡的【动画】组中单击【效果选项】按钮，在弹出的列表中选择【自左侧】选项。

23 按住Ctrl键选中幻灯片右侧的3个文本框，在【动画】选项卡的【动画】组中单击【效果选项】按钮，在弹出的列表中选择【自右侧】选项。

24 在窗口右侧选中第3张幻灯片，然后选中幻灯片中的圆形图形，在【动画】选项卡的【动画】组中选中【缩放】选项。

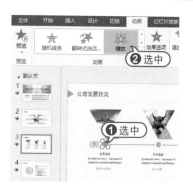

25 按住Ctrl键选中幻灯片中的图片和文本框，在【动画】组中选中【浮入】选项。

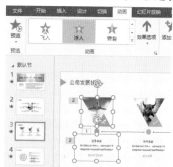

26 选中幻灯片中的图标，在【高级动画】组中单击【添加动画】按钮，为图标设置【切入】动画。

27 选中幻灯片中的直线图形，单击【添加动画】按钮，为图形添加【擦除】动画。

28 参考前面步骤的操作，为幻灯片中的其他对象设置动画效果。

29 在窗口左侧的列表中选中第4张幻灯片，选中幻灯片中的圆形图形，在【动画】选项卡中单击【添加动画】按钮，为图形设置【升起】动画。

30 选中幻灯片左上角的飞镖图形，单击【添加动画】按钮，在弹出的列表中选择【直线】选项。

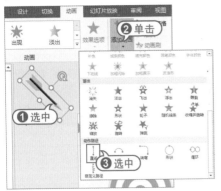

31 按住鼠标左键拖动路径动画的目标为圆形图形的正中。

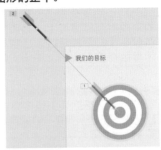

32 按住Ctrl键分别选中幻灯片右侧的几个文本框，为其设置"飞入"和"浮入"动画，并设置"浮入"动画在"飞入"动画之后运行。

33 完成以上设置后，按下F5键放映演示文稿，即可观看动画的设置效果。

9.5 疑点解答

问：如何快速播放PowerPoint演示文稿？

答：要快速播放演示文稿，用户可以右击演示文稿文件，在弹出的菜单中选择【显示】命令，或者将演示文稿文件的扩展名从PPT改为PPS，然后双击该文件即可。

第10章

PPT模板与版式的使用

在制作PPT时，一套好的模板可以让PPT的效果迅速提升，大大增加演示内容的可观赏性。同时，在模板中设置不同的版式，还可以让PPT所要表现的思路更清晰、逻辑更严谨，更方便处理图片、文字、图表等内容。

对应光盘视频

例10-1 使用联机模板创建PPT　　　例10-2 套用网站下载的模板

10.1 搜索PPT模板

对于刚刚学会PowerPoint的普通用户而言，使用一份高质量的PPT模板，再结合学到的软件知识，稍加编辑处理，即可制作出高水平的PPT文稿，从而大大节约PPT的设计与制作时间。本节将主要介绍搜索PPT模板的一些技巧。

10.1.1 搜索样本模板

样本模板是PowerPoint自带的模板中的类型，这些模板将演示文稿的样式、风格，包括幻灯片的背景、装饰图案、文字布局及颜色、大小等均预先定义好。用户在设计演示文稿时可以先选择演示文稿的整体风格，再进行进一步的编辑和修改。

【例10-1】在PowerPoint 2016中，根据样本模板创建演示文稿。 📹视频

01 单击【文件】按钮，从弹出的菜单中选择【新建】命令，在显示选项区域的文本框中输入文本"教育"，然后按下回车键，搜索相关的模板。

02 在中间的窗格中显示【样本模板】列表框，在其中双击一个PPT模板，在打开的对话框中单击【创建】按钮。

03 此时，该样本模板将被下载并应用在新建的演示文稿中。

10.1.2 搜索模板网站

除了可以通过PowerPoint的【新建】界面搜索并应用样板模板以外，用户还可以通过一些PPT模板网站，搜索并下载自己需要的模板，具体如下。

🔹 微软Office官方在线模板网站(www.officeplus)：该网站涵盖了PPT、Word和Excel等Office办公软件模板。

🔹 PPTSTORE(www.pptstore.net)：原创模板设计网站，其中一部分PPT模板为免费模板。

🔹 逼格PPT(www.tretars.com)：一个提供免费PPT模板的个人博客网站，该网站经常分享PPT模板、PPT制作教程和一些素材、软件等资源。

🔹 演界网(www.yanj.cn)：一个在线PPT模板交易平台，其中包含一部分免费PPT模板。

🔹 51PPT模板：该网站是一个免费PPT模板下载网站，其中的PPT模板不仅免费，而且没有素材版权的问题(网址为：www.51pptmoban.com)。

10.2　套用PPT模板

在制作PPT时，很多用户离不开模板。用好模板不仅能让PPT的整体效果变得美观易读，还能使要表达的思想更加直观；反之则会使PPT的效果丑陋，影响工作与沟通。本节将主要介绍套用PPT模板的方法和技巧。

一般情况下，一个完整的 PPT 主要包含封面页、目录页、内容页以及结束页等几个部分。

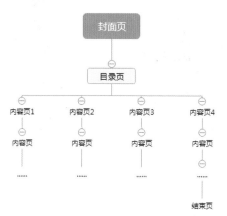

在套用一款模板时，封面页、目录页和结束页仅仅是单独页面上的设计，用户可以根据自己的喜好对这些页进行简单的修改，即可使用。而内容页的情况就不一样了，因为内容页涉及的内容形式有多种，例如文字、图片、图表等互相搭配，单纯的模板中的内容页，在很多情况下不一定能够满足PPT设计的需求。

因此，在套用模板之前，我们首先要做的是根据内容页选择模板。具体有以下几个原则。

● 贴合主题原则：模板要贴合使用PPT进行演讲的主题，例如：如果演讲的主题是"环保"，那么最好选择的模板是偏环保类的，以绿色模板为主；如果演讲的主题是"科技"，那么可以选择偏科技感的蓝色模板。

● 贴合文本原则：不同的模板通常对文本字数的要求也是不一样的，有些模板可以容纳很多文本，有些模板在设计时就强调简洁，只能包含不多的文本。因此在选择模板时要根据PPT的制作需求，根据文本内容的多少，选择合适的模板。

● 贴合能力原则：PPT模板虽然可以在很大程度上减少制作PPT的难度，但是其也有一个"致命缺陷"，即模板中的内容页不是无限的。一般情况下，模板只有几十张内容页，而用户需要制作的PPT内容又往往千变万化，不一定能够全部套入模板中。因此，在选择模板时，就需要结合自己的PPT制作能力来选择模板，不能只选择好看的模板，不考虑对模板修改和编辑的工作难度。

在完成PPT模板的选择后，即可开始套用模板制作PPT，具体如下。

10.2.1　套用封面页

打开PPT模板后，对封面页的套用第一步是将PPT文案复制进封面页模板中，利用格式刷设置字体格式，并删除模板中多余的文本。

在具体操作中，用户可以右击模板中的封面页，在弹出的菜单中选择【复制幻灯片】命令，先将封面页幻灯片复制一份。

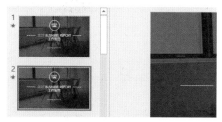

对封面页中的文本进行编辑时，可以使用【开始】选项卡中【剪贴板】

组中的【格式刷】工具，将复制幻灯片中的文本格式套用至被编辑的幻灯片中。

完成幻灯片的制作后，选中复制的封面页，按下Delete键将其删除即可。

10.2.2 套用目录页

PPT的整体效果是否好看，很大程度上取决于其封面页和内容页是否美观。在套用模板中的目录页时，要根据实际内容的多少，对模板中的目录进行增删。

模板中的 Logo 图标位置

模板目录中的预设文本

将模板中的目录文本删除，将编辑好

的PPT文本、图片等素材移动到模板中对应的位置，并根据实际文本的多少进行调整即可。

10.2.3 套用内容页

PPT模板中的主要内容都集中在内容页，在套用时应根据模板内容页的类型，填充不同的内容。

1 文字页

纯文字类的PPT页一般以介绍、总结、前言和尾语的表现方式呈现的比较多。

纯文字的PPT模板的套用重点是把握好留白、文字之间的排版格式、美化方式和逻辑关系。

2 图文页

图文页PPT模板的套用除了对文字排版有要求之外，对图片的要求也是很高的。

在套用图文类模板时，用户可以在模板中预留的位置使用自己设计的高清图片并为图片添加统一的蒙版和动画效果，以增强页面的设计感(如果图片较多，还可以将页面做成画册式)。

3 图表页

PPT模板中的图表页一般用于反映数据的并列、强调、循环、层级、扩散等关系。

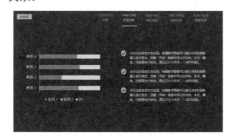

在套用模板时用户可以根据实际情况选择合适的图表模板，或根据数据添加新

的图表。

也可以导入Excel中制作的图表。

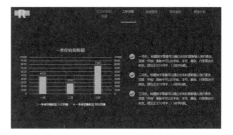

10.2.4 套用结束页

在套用模板的结束页时，用户采用套用封面页相同的方法，在页面中插入图片和文本即可。

总结选择与套用PPT模板的过程，用户需要注意以下一些事项：

在选择合适的PPT模板时，不能只注重模板是否好看，还应考虑模板是否好用，自己有没有能力对其进行编辑。

套用模板的核心思路是把预先准备好的文本、图片、视频等素材，"插入"到标准化格式的模板中，在实际操作时最常用的工具是"格式刷"。

套用模板的难点在于：如果准备的素材和模板里中提供的版式不一样，需要根据素材对模板进行编辑，必要时结合素材图片、视频、文本对模板进行重构。

10.3 整理PPT模板

对于经常需要制作PPT的用户而言，模板是必不可少的工具。但在实际工作中，一份模板中所提供的版式、图片、图表、图标、字体等素材，未必能够满足PPT制作的需求。此时，用户就需要对自己收藏的所有模板进行合理的规整，以方便在需要时快速调用合适的内容。本节将主要介绍整理模板及相关素材的一些经验。

● 整理字体：在整理PPT模板时，用户可以按照幻灯片的风格，将同种风格的常见字体搭配整理出来，放在一页或多页PPT中。

● 整理图标：PPT 模板中经常会搭配一些小图标来提升页面整体的质感，用户可以在得到一套 PPT 模板后，将其中用到的图标都摘取出来，单独保存。

● 整理图片：优质的 PPT 模板往往会使用精美的图片来做搭配，这些图片可以作为幻灯片修饰图，也可以作为背景图。当我们得到好的模板后，通过右击图片，在弹出的菜单中选择【另存为图片】命令，将其保存到自己的电脑中。

● 整理图表：在PPT中呈现数据除了直接

展现数字之外，为表现数据趋势、份额、分布等情况，通常要用到图表。在模板中遇到图表时，可以按条形图，柱状图、饼图、折线图、混合图表等将其整理起来。日积月累后，用户将拥有一个随时可应用在PPT中的庞大图表库。

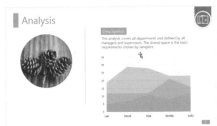

● SmartArt 图形是 PPT内容页排版的利器，在一套完整的PPT模板中，或多或少都会使用到一些 SmartArt图形，将它们按逻辑分类如流程、从属结构等整理出来，保存在电脑中，以便在今后的PPT制作中随时调用。

SmartArt 图形

优秀的PPT模板，不仅字体使用得

体，配图精美，版式设计也是有精心准备的。在处理模板版式时，用户可以抛开模板的内容，将内容部分用相应的矩形色块覆盖，制作出可以看到整个页面的版式设计的幻灯片，并将其整理到一个 PPT中。将来在制作PPT而没有灵感的时，可以拿出来作为参考或直接套用。

10.4　使用PPT母版版式

　　PowerPoint 提供了3种母版，即幻灯片母版、讲义母版和备注母版。当需统一幻灯片风格时，可以在下图所示的幻灯片母版视图中进行设置。在该视图中把来自模板或用户自己设计的幻灯片版式插入幻灯片母版中，可以在后续的幻灯片制作过程中大大提升效率。

【幻灯片母版】选项卡

占位符　　　　　　　　　【普通视图】按钮

　　在PowerPoint中要打开上图所示的幻灯片母版视图，可以使用以下两种方法。
　　● 选择【视图】选项卡，在【母版视图】组中单击【幻灯片母版】选项。
　　● 按住Shift键，单击状态栏中的【普通视图】按钮。
　　将多个版式组织到母版列表中形成的一个整体就是母版，一个演示文稿中可以

有多个母版，每个母版中又可以包含多个不同的版式。简单来说，母版是对不同用途的版式进行了分组归类，便于根据不同用途快速找到某个版式并创建基于该版式的幻灯片。
　　例如，上图所示为PPT母版视图中包含了两个母版的情况，图中用黑框圈出的文字分别为两个母版的范围。可以看到，两个不

同母版中包含了各自的版式，但在操作方法上与单独的一个母版没什么区别，用户可以随意选择任一母版中的版式。

下面将逐步介绍操作母版，并利用母版提高PPT制作效率的方法。

10.4.1 编辑母版版式

启动PowerPoint软件后默认创建一个演示文稿，其中自动带有一张幻灯片。在这张默认创建的幻灯片中包含了两个占位符，上方的占位符为标题占位符，下方的占位符为内容占位符，可以在这两个占位符中输入文字，输入的文字会被自动设置上PowerPoint预先设置好的字体格式，用户可以在以后修改或重新设置字体格式。

在PowerPoint左侧的幻灯片列表中右击这张默认创建的幻灯片，在弹出菜单中选择【版式】命令，打开如下图所示的列表，其中的选中部分为当前幻灯片的版式，即"标题幻灯片"。

在上图所示的列表选择不同版式所创建的幻灯片具有不同的默认元素和位置，这就是母版中提供的版式。

1 修改版式

以PowerPoint新建PPT时默认创建的母版版式为例，要对其进行修改，可以参考以下步骤。

01 在【视图】选项卡的【母版视图】组中单击【幻灯片母版】选项，打开幻灯片母版视图后，在窗口左侧的版式列表中选中【标题幻灯片】版式。

02 使用整理PPT模板时从模板中提取的字体、图形、图片等素材，重新设置"标题幻灯片"版式中的布局和占位符。

03 完成版式内容的编辑后，在【幻灯片母版】选项卡中单击【关闭母版视图】按钮即可。

2 删除版式

在幻灯片母版视图中，用户可以使用以下两种方法删除母版中不需要的版式。

● 右击需要删除的版式，在弹出的菜单中选择【删除版式】命令。

● 选中要删除的版式，在【幻灯片母版】选项卡的【编辑母版】组中单击【删除】按钮。

3 添加版式

在幻灯片母版视图左侧的版式列表中选中一个版式后，右击鼠标，在弹出的菜单中选择【插入版式】命令，即可在选中版式的下方插入一个如下图所示的PowerPoint默认版式。

10.4.2 应用母版版式

通过对PowerPoint默认版式的编辑，用户在母版视图中创建一个风格统一并且内容丰富的版式集合。

——自定义版式列表

在【幻灯片母版】选项卡中单击【关闭母版视图】按钮，关闭幻灯片母版视图。此时，PowerPoint默认创建的幻灯片效果将变成用户自定义的版式。

此时，在【开始】选项卡的【幻灯片】组中单击【新建幻灯片】按钮，在弹出的列表中用户可以使用自己编辑的母版版式在PPT中插入幻灯片。

如此，制作一个风格统一的PPT只需要执行简单的几步操作即可完成其结构的创建。之后，用户只需要在预设的占位符中输入文本，即可完成PPT的制作。

10.4.3 使用母版主题

在PowerPoint中创建幻灯片母版版式后，用户可以参考以下方法，将版式保存为主题，通过主题将创建的版式应用到更多的PPT中。

01 在【视图】选项卡的【母版视图】组中单击【幻灯片母版】选项，打开幻灯片母版视图后，在【编辑主题】组中单击【主题】按钮，在弹出的列表中选择【保存当前主题】选项。

02 打开【保存当前主题】对话框，设置一个用于保存母版主题的文件后，单击【保存】按钮。

03 按下Ctrl+N组合键，创建一个新幻灯片，进入母版编辑视图，选中版式列表顶端的"Office主题"。

04 在【幻灯片母版】选项卡的【编辑母版】组中单击【主题】按钮，在弹出的列表中选择【浏览主题】选项，打开【选择主题或主题文档】对话框，选中步骤2保存的主题文件，单击【应用】按钮。

05 此时，新建PPT的母版版式将替换为用户自定义的版式。

10.5 进阶实战

本章的进阶实战部分将通过实例，介绍使用网上下载的PPT模板制作一个演示文稿的步骤，用户可以通过操作巩固所学的知识。

【例10-2】通过"51PPT模板"网站下载一个PPT模板，并通过对模板的编辑制作一个"年度工作总结"演示文稿。 📹视频

01 打开浏览器访问"51PPT模板"网站，网址为：

www.51pptmoban.com。

02 在网站中选择并下载一个模板后，双击下载的模板文件，使用PowerPoint将其

打开。

03 按下Ctrl+N组合键，创建一个新的演示文稿文件，在【视图】选项卡的【母版视图】组中单击【幻灯片母版】按钮，切换至幻灯片母版视图。

04 切换至模板PPT，按住Ctrl键选中其封面页中需要的素材，然后按下Ctrl+C组合键，执行"复制"命令。

05 切换至新建的演示文稿，在窗口左侧选中【标题幻灯片】版式，按下Ctrl+V组合键，将复制的素材"粘贴"至幻灯片母版版式中。

06 右击粘贴的素材，在弹出的菜单中选择【置于底层】命令，将素材置于幻灯片底层，将版式中的占位符显示在顶层。

07 修改素材中的文本内容，选择【开始】选项卡，使用【剪贴板】组中的【格式化】工具 ，将素材中的文本格式复制到版式中的占位符上，并调整占位符的大小和位置。

08 删除版式中多余的素材文本，在【插入】选项卡的【图像】组中单击【图片】按钮，在版式中插入企业Logo图片。

09 右击【标题幻灯片】版式，在弹出的菜单中选择【插入版式】命令。

10 重复步骤04~08的操作，从PPT模板中选取制作演示文稿所需的幻灯片，将其中需要的素材复制到新建演示文稿的母版版式中，并对其进行相应的编辑。

11 按住Ctrl键，选中所有PowerPoint默认创建的版式，在【幻灯片母版】选项卡的【编辑母版】组中单击【删除】按钮，将其全部删除。

12 在【幻灯片母版】选项卡的【编辑主题】组中单击【主题】按钮，在弹出的列表中选择【保存当前主题】选项。

13 打开【保存当前主题】对话框，选择一个用于保存主题的文件夹后，单击【保存】按钮，保存主题。

14 在【幻灯片母版】组中单击【关闭母版视图】按钮，关闭幻灯片母版视图。此时，新建演示文稿的默认幻灯片效果将如下图所示。

15 在【开始】选项卡的【幻灯片】组中单击【新建幻灯片】按钮，在弹出的列表中，用户可以使用创建的母版版式，创建新的幻灯片，从而制作风格统一的PPT。

10.6 疑点解答

● 问：在PowerPoint中模板与主题有什么区别？

答：模板中包含的是PPT各个独立幻灯片的样式，它们之间可以是各不相同的；而主题则是一个PPT的整体样式，其各个板块是相同的。

第11章

Word、Excel和PowerPoint协同办公

在日常工作中，将Word、Excel和PowerPoint等Office组件相互协同使用，可以有效地提高办公效率，并实现许多单个软件无法完成的操作。本章将通过实例，详细介绍Office各组件之间相互调用操作的方法与技巧。

对应光盘视频

例11-1 在Word中创建Excel表格
例11-2 在Word中添加演示文稿
例11-3 在PPT中插入Excel图表
例11-4 将Excel表格插入Word
例11-5 将Excel数据复制到Word

11.1 Word与Excel协同

在Word中插入Excel工作表，可以使文档内容更加清晰、表达更加完整。下面将通过实例详细介绍。

11.1.1 在Word中创建Excel表格

Word中提供创建Excel工作表的功能，利用该功能用户可以直接在文档中创建Excel工作表，而不必在Word和Excel两个软件之间来回切换。

【例11-1】在Word文档中创建一个Excel工作表。 视频

------

01 打开Word文档后，选择【插入】选项卡，在【文本】组中单击【对象】按钮，在弹出的列表中选择【对象】选项。

02 打开【对象】对话框，在【对象类型】列表中选择【Microsoft Excel工作表】选项，然后单击【确定】按钮。

03 此时，Word文档中将出现Excel工作表输入状态，同时当前窗口最上方的功能区将显示Excel软件的功能区域，用户可以在Word中使用这些区域中提供的按钮，创建Excel表格。

Excel 功能区

输入表格内容

在Word中完成Excel工作表的创建后，在文档表格外的空白处单击，即可关闭Excel功能区域返回Word文档编辑界面。

11.1.2 在Word中调用Excel表格

除了在Word文档创建Excel工作表以外，用户还可以在文档中直接调用已经创建好的Excel工作簿，方法如下。

01 在Word中选择【插入】选项卡，在【文本】组中单击【对象】按钮，在弹出的列表中选择【对象】选项。

02 打开【对象】对话框，选择【由文件创建】选项卡，单击【浏览】按钮。

03 打开【浏览】对话框，选择一个制作好的Excel工作簿后，单击【插入】按钮。

04 返回【对象】对话框，单击【确定】按钮，即可在Word文档中调用Excel工作簿文件，效果如下图所示。

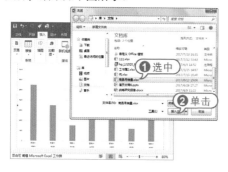

11.1.3 在Word中编辑Excel表格

在Word文档中创建或调用Excel表

格后，如果需要对表格内容进行进一步编辑，只需要双击表格，即可启动Excel编辑模式，显示相应的Excel功能区域，执行对表格的各种编辑操作。

在 Word 中选中并编辑 Excel 表格数据

11.2　Word与PowerPoint协同

将PPT演示文稿制作成Word文档的方法有两种，一种是在Word文档中导入PPT演示文稿，另一种是将PPT演示文稿发送到Word文档中。

11.2.1 在Word中创建演示文稿

在Word文档中创建PPT演示文档的方法与创建Excel工作表的方法类似。

01 打开Word文档后选择【插入】选项卡，在【文本】组中单击【对象】按钮，打开【对象】对话框后选中【Microsoft PowerPoint幻灯片】选项。

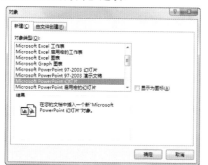

02 单击【确定】按钮，即可在Word文档中创建一个幻灯片，并显示PowerPoint功能区域。

03 此时，用户可以使用PowerPoint软件中的功能，在Word中创建PPT演示文稿。

11.2.2 在Word中添加演示文稿

使用PowerPoint创建演示文稿后，用户还可以将其添加至Word文档中进行编辑、设置或放映。

【例11-2】在Word文档中添加一个创建好的PPT演示文稿。

视频+素材 (光盘素材\第11章\例11-2)

01 创建一个新的Word文档，选择【插入】选项卡，在【文本】组中单击【对象】按钮，打开【对象】对话框并选择【由文件创建】选项卡。

02 打开【浏览】对话框，选择一个创建好的PPT演示文稿文件，然后单击【插入】按钮。

03 返回【对象】对话框，单击【确定】按钮即可将PPT演示文稿插入Word文档。

04 双击文档中插入的PPT演示文稿，即可进入演示文稿放映状态。

05 选中文档中添加的演示文稿，通过拖动其四周的控制点可以调整演示文稿的位置和大小。

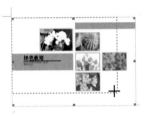

11.2.3 在Word中编辑演示文稿

在Word文档中插入的PowerPoint幻灯片作为一个对象，也可以像其他对象一样进行调整大小或者移动位置等操作，具体方法如下。

01 右击文档中插入的PPT演示文稿，在弹出的菜单中选择【演示文稿对象】|【打开】命令。

02 此时，将打开PowerPoint，进入演示文稿的编辑界面。

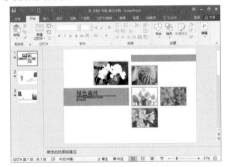

03 右击Word文档中添加的PPT演示文稿，在弹出的菜单中选择【演示文稿对象】|【编辑】命令。

04 此时，Word中将显示PowerPoint的功能区域，利用该区域中的各种按钮，可以在Word窗口中对幻灯片进行编辑。

05 右击文档中的PPT演示文稿，在弹出的菜单中选择【边框和底纹】命令，在打开的【边框和底纹】对话框中，选择【边框】选项卡，用户可以为文档中的PPT演示文稿设置边框。

06 右击文档中的PPT演示文稿，在弹出的菜单中选择【设置对象格式】命令，在打开的对话框中选择【版式】选项卡，在【环绕方式】选项区域中可以设置对象的文字环绕方式，选择【紧密型】选项。

07 单击【确定】按钮，Word文档中的PPT演示文稿效果如下图所示。

11.3 Excel与PowerPoint协同

Excel和PowerPoint经常在办公中同时被使用，在演示文稿的制作过程中，调用Excel图表，可以大大地增强PPT数据的表现力。

11.3.1 在PPT中插入Excel图表

在使用PowerPoint进行放映讲解的过程中，用户可以通过执行"复制"和"粘贴"命令，直接将制作好的Exce图表插入到幻灯片中。

【例11-3】在PowerPoint中插入制作好的Excel图表。

视频+素材 (光盘素材\第11章\例11-3)

01 启动PowerPoint 2016后，打开一个演示文稿。

02 启动Excel 2016，打开一个工作表，选中需要在演示文稿中使用的图表，按下Ctrl+C组合键。

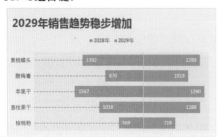

03 切换到PowerPoint，选择【开始】选项卡，在【剪贴板】组中单击【粘贴】按钮。

04 使用表格四周的控制点，可以调整其在幻灯片中的位置和大小。

11.3.2 在PPT中创建Excel图表

用户除了使用上面介绍的方法在幻灯片中插入Excel图表以外，还可以在PowerPoint中创建Excel图表。

01 选择【插入】选项卡，在【文本】组中单击【对象】按钮。

02 打开【插入对象】对话框，在【对象类型】列表中选中【Microsoft Excel图表】选项，然后单击【确定】按钮。

03 此时，将在幻灯片中插入一个下图所示的Excel预设图表。

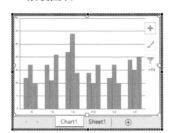

04 在图表编辑区域中选择Sheet1工作表，输入图表数据。

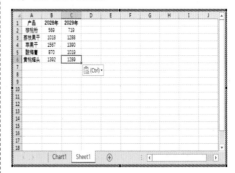

05 选择Chart选项卡，右击图表，在弹出的菜单中选择【更改图表类型】命令。

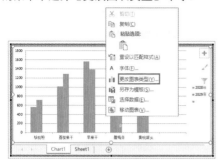

06 在打开的【更改图表类型】对话框中，用户可以修改图表的类型。

07 完成Excel图表的设置后，在幻灯片空白处单击鼠标。

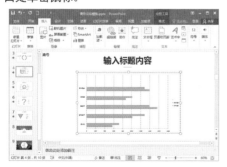

08 双击幻灯片中的图表，PowerPoint将打开一个提示框，提示用户是否要将Excel图表转换为PowerPoint格式，单击【转换】按钮。

09 此时，幻灯片中的Excel图表将被转换为PowerPoint图表，双击图表，用户可以在打开的窗格中，使用PowerPoint软件中的功能编辑与美化图表(具体方法与Excel类似)。

11.3.3 在PPT中添加Excel表格

如果用户要在PPT中添加Excel表格，可以选择【插入】选项卡，在【表格】组中单击【表格】按钮，在弹出的列表中选择【Excel电子表格】选项。

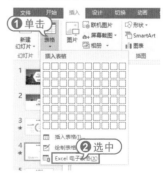

此时，将在幻灯片中插入一个如下图所示的Excel表格，拖动表格四周的控制柄，可以调整表格的大小。

在工作表中输入数据后，单击幻灯片

的空白处，然后拖动表格边框可以调整其位置。

11.4 进阶实战

本章的进阶实战部分将通过实例介绍Word/Excel/PowerPoint之间协作办公的技巧，帮助用户进一步掌握使用Office软件的方法。

11.4.1 Word与Excel数据同步

【例11-4】在Word中录入文档，然后把Excel中的表格插入到Word文档中，并且保持实时更新。 视频

01 启动Word 2016并在其中输入文本。

02 启动Excel 2016并在其中输入数据。

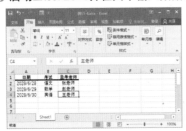

03 在Excel中选中A1:C4单元格区域，然后按下Ctrl+C组合键复制数据。

04 切换至Word，选中文档底部的行，在【剪贴板】组中单击【粘贴】按钮，在弹出的列表中选择【链接与保留源格式】选项。

05 此时，Excel中的表格将被复制到Word文档中。

06 将鼠标指针放置在Word文档中插入表

格左上角⊞按钮上，按住鼠标左键拖动，调整表格在文档中的位置。

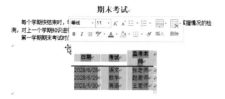

07 将鼠标指针放置在表格右下角的□按钮上，按住鼠标左键拖动，调整表格的高度和宽度。

08 当Excel工作表数据变动时，Word文档数据会实时更新。例如，在Excel工作表C2单元格中将"张老师"修改为"徐老师"。

09 此时，Word中表格数据将自动同步发生变化。

![期末考试表格]

11.4.2 将Excel数据复制到Word

【例11-5】将Excel数据复制到Word文档中的表格内。 ▶视频

01 启动Excel后，选中其中的数据。按下

Ctrl+C组合键执行复制操作。

02 启动Word，将鼠标指针插入至文档中，在【插入】选项卡的【表格】组中单击【表格】按钮，在弹出的列表中选择【插入表格】选项。

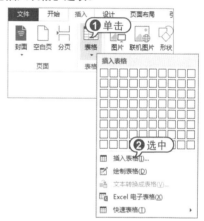

03 打开【插入表格】对话框，在其中设置合适的行、列参数后，单击【确定】按钮，在Word中插入一个表格。

04 单击Word表格左上角的十字按钮，选

中整个表格，在【开始】选项卡的【剪贴板】组中单击【粘贴】按钮，在弹出的列表中选择【选择性粘贴】选项。

右击鼠标，在弹出的菜单中选择【合并单元格】命令。

05 打开【选择性粘贴】对话框，在【形式】列表框中选中【无格式文本】选项，然后单击【确定】按钮。

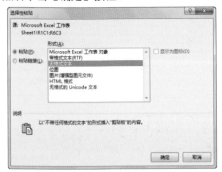

07 在【开始】选项卡的【字体】组中，设置表格中文本的格式，然后选中并右击表格，在弹出的菜单中选择【自动调整】|【根据内容调整表格】命令，调整表格效果。

06 此时，即可将Excel中的数据复制到Word文档的表格中，选中表格的第1行，

11.5 疑点解答

●┤问：如何将Excel中的内容转换为表格并放入Word文档中？

答：如果要将Excel文件转换成表格并放入Word中，用户可以在Excel中单击Excel按钮，在弹出的菜单中选择【导出】命令，在显示的选项区域中选中【更改文件类型】选项，并在打开的列表中双击【另存为其他文件类型】选项，在打开的对话框中将Excel文件类型保存为"单个文件网页"。最后，使用Word将导出的Excel文件打开即可。